国家职业技能等级认定培训教程
国家基本职业培训包教材资源

电梯安装维修工

（基础知识）

编审委员会

主　任　刘　康　张　斌
副主任　荣庆华　冯　政
委　员　葛恒双　赵　欢　王小兵　张灵芝　吕红文　张晓燕　贾成千
　　　　高　文　瞿伟洁

本书编审人员

主　编　金新锋　高利平
副主编　魏宏玲　刘志刚
编　者　毛翰宇　朱年华　张　颖　焦玉全　金美琴　黄小丽　贾宁宁
主　审　王　锐
审　稿　林　正　陈向俊

 中国人力资源和社会保障出版集团

 中国劳动社会保障出版社　中国人事出版社

图书在版编目（CIP）数据

电梯安装维修工：基础知识 / 中国就业培训技术指导中心组织编写 . -- 北京：中国劳动社会保障出版社：中国人事出版社，2020

国家职业技能等级认定培训教程

ISBN 978-7-5167-4521-2

Ⅰ.①电…　Ⅱ.①中…　Ⅲ.①电梯 - 安装 - 职业技能 - 鉴定 - 教材②电梯 - 维修 - 职业技能 - 鉴定 - 教材　Ⅳ.①TU857

中国版本图书馆 CIP 数据核字（2020）第 143548 号

中国劳动社会保障出版社
中国人事出版社 **出版发行**
（北京市惠新东街 1 号　邮政编码：100029）

*

三河市华骏印务包装有限公司印刷装订　　新华书店经销

787 毫米 × 1092 毫米　16 开本　14.75 印张　240 千字
2020 年 9 月第 1 版　　2020 年 9 月第 1 次印刷
定价：**45.00 元**

读者服务部电话：（010）64929211/84209101/64921644
营销中心电话：（010）64962347
出版社网址：http://www.class.com.cn

前　　言

为加快建立劳动者终身职业技能培训制度，大力实施职业技能提升行动，全面推行职业技能等级制度，推进技能人才评价制度改革，促进国家基本职业培训包制度与职业技能等级认定制度的有效衔接，进一步规范培训管理，提高培训质量，中国就业培训技术指导中心组织有关专家在《电梯安装维修工国家职业技能标准（2018 年版）》（以下简称《标准》）制定工作基础上，编写了电梯安装维修工国家职业技能等级认定培训教程（以下简称等级教程）。

电梯安装维修工等级教程紧贴《标准》要求编写，内容上突出职业能力优先的编写原则，结构上按照职业功能模块分级别编写。该等级教程共包括《电梯安装维修工（基础知识）》《电梯安装维修工（初级）》《电梯安装维修工（中级）》《电梯安装维修工（高级）》《电梯安装维修工（技师　高级技师）》5 本。《电梯安装维修工（基础知识）》是各级别电梯安装维修工均需掌握的基础知识，其他各级别教程内容分别包括各级别电梯安装维修工应掌握的理论知识和操作技能。

本书是电梯安装维修工等级教程中的一本，是职业技能等级认定推荐教程，也是职业技能等级认定题库开发的重要依据，已纳入国家基本职业培训包教材资源，适用于职业技能等级认定培训和中短期职业技能培训。

本书在编写过程中得到杭州职业技术学院、浙江省特种设备科学研究院等单位的大力支持与协助，在此一并表示衷心的感谢。

中国就业培训技术指导中心

目 录 CONTENTS

职业模块 ①

职业道德

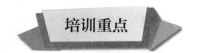

培训项目 ①

职业道德基本知识

培训重点

熟悉职业的含义及特征

了解职业的分类、职业资格的含义、职业类型的划分

熟悉电梯安装维修工职业定义和国家职业技能标准的有关内容

了解道德、职业道德和电梯安装维修行业职业道德的含义

了解职业道德的基本要素、特征及基本规范

一、职业与职业道德

1. 职业

（1）职业的含义。职业是指从业人员为获取主要生活来源所从事的社会工作类别。

（2）职业的特征

1）目的性。职业活动以获得现金或实物等报酬为目的。

2）社会性。职业是从业人员在特定社会生活环境中所从事的一种与其他社会成员相互关联、相互服务的社会活动。

3）稳定性。职业在一定的历史时期内形成，并具有较长生命周期。

4）规范性。职业活动必须符合国家法律和社会道德规范。

5）群体性。职业必须具有一定的从业人数。

（3）职业属性

1）职业的社会属性。职业是人类在生产劳动过程中的分工现象，它体现的是劳动力与生产资料之间的结合关系、劳动者之间的关系，以及不同职业之间的劳动交换关系。这种劳动过程中结成的人与人的关系无疑是社会性的，他们之间的劳动交换反映的是不同职业之间的等价关系，这反映了职业活动的社会属性。

2）职业的规范性。职业的规范性应该包含两层含义：一是指职业内部的操作规范性，二是指职业道德的规范性。不同的职业在其劳动过程中都有一定的操作规范性，这是保证职业活动的专业性要求。当不同职业在对外展现其服务时，还存在一个伦理范畴的规范性，即职业道德。这两种规范性构成了职业规范的内涵与外延。

3）职业的功利性。职业的功利性也称为职业的经济性，是指职业作为人们赖以谋生的劳动过程所具有的逐利性。职业活动既满足劳动者自己的需要，也满足社会的需要，只有把职业的个人功利性与社会功利性结合起来，职业活动及其职业生涯才具有生命力和价值。

4）职业的技术性和时代性。职业的技术性是指每一种职业都表现出与职业活动相对应的技术要求和技能要求。职业的时代性是指由于社会进步和科学技术的发展，人们的生活方式、习惯等因素的变化给职业打上符合时代要求的烙印。

（4）职业分类

1）职业分类的含义。职业分类是指以工作性质的同一性或相似性为基本原则，对社会职业进行的系统划分与归类。职业分类作为制定职业标准的依据，是促进人力资源科学化、规范化管理的重要基础性工作。

2）职业类型划分。目前，《中华人民共和国职业分类大典（2015年版）》将我国职业划分为以下八大类：第一大类，包含党的机关、国家机关、群众团体和社会组织、企事业单位负责人；第二大类，包含专业技术人员；第三大类，包含办事人员和有关人员；第四大类，包含社会生产服务和生活服务人员；第五大类，包含农、林、牧、渔业生产及辅助人员；第六大类，包含生产制造及有关人员；第七大类，包含军人；第八大类，包含不便分类的其他从业人员。其中，以职业活动所涉及的经济领域、知识领域以及所提供的产品和服务种类为主要参照，将职业划分为75个中类、434个小类；以职业活动领域和所承担的职责，工作任务的专门性、专业性与技术性，服务类别与对象的相似性，工艺技术、使用工具设备或主要原材料、产品用途等的相似性，同时辅之以技能水平相似性为依据，共设置了1 481个职业。电梯安装维修工属于国家职业分类中第六大类生产制造及有关人员中的第29中类建筑施工人员中的第3小类建筑安装施工人员中的一个职业，职业编码为6-29-03-03。

电梯安装维修工职业定义为：使用工具、夹具、量具、检测仪器及设备，安装、调试、维修、改造电梯的人员。

（5）职业资格。职业资格是对从事某一职业所必备的学识、技术和能力的基本要求。职业资格通过业绩评定、专家评审或职业技能鉴定等方式进行评价，合格者可获得职业资格证书。当前，我国实行职业资格目录清单管理，凡职业（工种）关系公共利益或涉及国家安全、公共安全、人身健康、生命财产安全，依据国家有关法律和国务院决定，作为准入类职业资格，纳入国家职业资格目录。

（6）国家职业技能标准

1）国家职业技能标准的含义。国家职业技能标准（简称职业标准）是指通过工作分析方法，描述胜任各种职业所需的能力，客观反映劳动者知识水平和技能水平的评价规范。职业技能标准既反映了企业和用人单位的用人要求，也为职业技能等级认定工作提供依据。

2）电梯安装维修工国家职业技能标准。该标准由人力资源社会保障部于2018年12月公布施行。该标准以"职业活动为导向、职业技能为核心"为指导思想，对电梯安装维修从业人员的职业活动内容进行规范细致描述，对各等级从业人员的技能水平和理论知识水平进行了明确规定。电梯安装维修工职业共设五个等级，分别为五级/初级工、四级/中级工、三级/高级工、二级/技师、一级/高级技师。该标准包括职业概况、基本要求、工作要求和权重表四个方面的内容，含有安装调试、诊断修理、维护保养、改造更新、培训与管理五个职业功能。

2. 道德

（1）道德的含义。马克思主义伦理学认为，道德是人类社会特有的，由社会经济关系决定的，依靠内心信念、社会舆论、风俗习惯等方式来调整人与人之间、人与社会之间以及人与自然之间的关系的特殊行为规范的总和。它包含了三层含义。一是一个社会道德的性质、内容，是由社会生产方式、经济关系（即物质利益关系）决定的，也就是说，有什么样的生产方式、经济关系，就有什么样的道德体系。二是道德是以善与恶、好与坏、偏私与公正等作为标准来调整人们之间的行为的。一方面，道德作为标准，影响着人们的价值取向和行为模式；另一方面，道德也是人们对行为选择、关系调整做出善恶判断的评价标准。三是道德不是由专门的机构来制定和强制执行的，而是依靠社会舆论和人们的内心信念、传统思想和教育的力量来调节的。根据马克思主义理论，道德属于社会上层建筑，是一种特殊的社会现象。

（2）道德的分类。根据道德的表现形式，人们通常把道德分为家庭美德、社会公德和职业道德三大领域。作为从事某一特定职业的人员，从业人员要结合自身实际，加强职业道德修养，担负职业道德责任；同时，作为社会和家庭的重要成员，从业人员也要加强社会公德、家庭美德修养，担负起应尽的社会责任和家庭责任。

3. 职业道德

（1）职业道德的含义。职业道德是指从事一定职业的人们在职业活动中应该遵循的，依靠社会舆论、传统习惯和内心信念来维持的行为规范的总和。它调节从业人员与服务对象、从业人员之间、从业人员与职业之间的关系。它是职业或行业范围内的特殊要求，是社会道德在职业领域的具体体现。

（2）职业道德的基本要素

1）职业理想。职业理想是人们对职业活动目标的追求和向往，是人们的世界观、人生观、价值观在职业活动中的集中体现。它是形成职业态度的基础，是实现职业目标的精神动力。

2）职业态度。职业态度是人们在一定社会环境的影响下，通过职业活动和自身体验所形成的、对岗位工作的一种相对稳定的劳动态度和心理倾向。它是从业人员精神境界、职业道德素质和劳动态度的重要体现。

3）职业义务。职业义务是人们在职业活动中自觉地履行对他人、社会应尽的职业责任。我国的每一个从业人员都有维护国家、集体利益，为人民服务的职业义务。

4）职业纪律。职业纪律是从业人员在岗位工作中必须遵守的规章、制度、条例等职业行为规范。例如，国家公务员必须廉洁奉公、甘当公仆，公安、司法人员必须秉公执法、铁面无私等。这些规定和纪律要求，都是从业人员做好本职工作的必要条件。

5）职业良心。职业良心是从业人员在履行职业义务中所形成的对职业责任的自觉意识和自我评价活动。人们所从事的职业和岗位不同，其职业良心的表现形式也往往不同。例如，商业人员的职业良心是"诚实无欺"，医生的职业良心是"治病救人"。从业人员能做到这些，内心就会得到安宁；反之，内心会产生不安和愧疚感。

6）职业荣誉。职业荣誉是社会对从业人员职业道德活动的价值所做出的褒奖和肯定评价，以及从业人员在主观认识上对自己职业道德活动的一种自尊、自爱的荣辱意向。当一个从业人员职业行为的社会价值赢得社会公认时，就会由此产生荣誉感；反之，会产生耻辱感。

7）职业作风。职业作风是从业人员在职业活动中表现出来的相对稳定的工作态度和职业风范。从业人员在职业岗位中表现出来的尽职尽责、诚实守信、奋力拼搏、艰苦奋斗的作风等，都属于职业作风。职业作风是一种无形的精神力量，对从业人员取得事业成功具有重要作用。

（3）职业道德的特征。职业道德作为职业行为的准则之一，与其他职业行为准则相比，体现出以下六个特征。

1）鲜明的行业性。行业之间存在差异，各行各业都有特殊的道德要求。

2）适用范围上的有限性。一方面，职业道德一般只适用于从业人员的岗位活动；另一方面，不同的职业道德之间也有共同的特征和要求，存在共通的内容，如敬业、诚信、互助等，但在某些特定行业和具体的岗位上，必须有与该行业、该岗位相适应的具体的职业道德规范。这些特定的规范只在特定的职业范围内起作用，只能对该行业和该岗位的从业人员具有指导和规范作用。

3）表现形式的多样性。职业领域的多样性决定了职业道德表现形式的多样性。随着社会经济的高速发展，社会分工将越来越细，越来越专，职业道德的内容也必然千差万别。各行各业为适应本行业的行业公约、规章制度、员工守则、岗位职责等要求，都会将职业道德的基本要求规范化、具体化，使职业道德的具体规范和要求呈现出多样性。

4）一定的强制性。职业道德除了通过社会舆论和从业人员的内心信念来对其职业行为进行调节外，它与职业责任和职业纪律也紧密相连。职业纪律属于职业道德的范畴，当从业人员违反了具有一定法律效力的职业章程、职业合同、职业责任、操作规程，给企业和社会带来损失和危害时，职业道德就将用其具体的评价标准，对违规者进行处罚，轻则受到经济和纪律处罚，重则移交司法机关，由法律来进行制裁，这就是职业道德强制性的表现所在。但在这里需要注意的是，职业道德本身并不存在强制性，而是其总体要求与职业纪律、行业法规具有重叠内容，一旦从业人员违背了这些纪律和法规，除了受到职业道德的谴责外，还要受到纪律和法律的处罚。

5）相对稳定性。职业一般处于相对稳定的状态，因此反映职业要求的职业道德必然也处于相对稳定的状态。如商业行业"诚信为本、童叟无欺"的职业道德，医务行业"救死扶伤、治病救人"的职业道德等，千百年来为从事相关行业的人们所传承和遵守。

6）利益相关性。职业道德与物质利益具有一定的关联性。利益是道德的基础，各种职业道德规范及表现状况，关系到从业人员的利益。对于爱岗敬业的员工，单位不仅应该给予精神方面的鼓励，也应该给予物质方面的褒奖；相反，违背职业道德、漠视工作的员工则会受到批评，严重者还会受到纪律的处罚。一般情况下，企业在将职业道德规范，如爱岗敬业、诚实守信、团结互助、勤劳节俭等纳入企业管理时，都要将其与行业特点、要求紧密结合在一起，变成更加具体、明确、严格的岗位责任或岗位要求，并制定出相应的奖励和处罚措施，与从业人员的物质利益挂钩，强调责、权、利的有机统一，便于监督、检查、评估，以促进从业人员更好地履行自己的职业责任和义务。

（4）职业道德基本规范。"爱岗敬业、诚实守信、办事公道、服务群众、奉献社会"，这是所有从业人员都应奉行的职业道德基本规范。

1）爱岗敬业。爱岗敬业作为最基本的职业道德规范，是对人们工作态度的一种普遍要求，是中华民族传统美德和现代企业发展的要求。爱岗就是热爱自己的工作岗位、热爱本职工作，敬业就是要用一种恭敬严肃的态度对待自己的工作。

2）诚实守信。诚实守信是做人的基本准则，也是社会道德和职业道德的一项基本规范。诚，就是真实不欺，言行和内心思想一致，不弄虚作假。信，就是真心实意地遵守、履行诺言。诚实守信就是真实无欺、遵守承诺和契约的品德及行为。诚实守信体现着道德操守和人格力量，也是具体行业、企业立足的基础，具有很强的现实针对性。

3）办事公道。办事公道是对人和事的一种态度，也是千百年来为人们所称道的职业道德。公道就是处理事情坚持原则，不偏袒任何一方。办事公道强调在职业活动中应遵从公平与公正的原则，要做到公平公正、不计较个人得失、光明磊落。

4）服务群众。服务群众就是为人民群众服务。在社会生活中，人人都是服务对象，人人又都为他人服务。服务群众作为职业道德的基本规范，是对所有从业人员的要求。在社会主义市场经济条件下，要真正做到服务群众，首先，心中时时要有群众，始终把人民的根本利益放在心上；其次，要充分尊重群众，尊重群众的人格和尊严；最后，要千方百计方便群众。

5）奉献社会。奉献社会就是积极自觉地为社会做贡献。奉献，就是不论从事何种职业，从业人员的目的不是为了个人、家庭，也不是为了名和利，而是为了有益于他人，为了有益于国家和社会。正因如此，奉献社会是社会主义职业道德的本质特征。社会主义建立在以公有制为主体的经济基础之上,广大劳动人民当家做主,因此,社会主义职业道德必须把奉献社会作为从业人员重要的道德规范,作为从业人员根本的职业目的。奉献社会并不意味着不要个人的正当利益,不要个人的幸福。恰恰相反,一个自觉奉献社会的人才能真正找到个人幸福的支撑点。个人幸福是在奉献社会的职业活动中体现出来的。奉献和个人利益是辩证统一的,奉献越大,收获越多。

二、电梯安装维修行业职业道德

1. 电梯安装维修行业职业道德的含义

电梯安装维修行业职业道德是指电梯安装维修从业人员在从事电梯安装维修职业活动中,从思想到工作行为所必须遵守的职业道德规范和电梯安装维修职业守则。电梯安装维修行业职业道德关系到电梯设备的安全性,关系到电梯安装维修从业人员的生命安全,同时也关系到乘用电梯的人民群众的生命安全。

2. 电梯安装维修行业职业道德的特点

(1)电梯作业安全的责任性。电梯安装维修作业直接关系到人的生命安全,责任重大。电梯安装维修从业人员必须提高职业道德修养,落实岗位职责,不断提高自身的职业技能和安全作业风险的意识。否则,可能导致作业人员在作业过程中出现生命危险以及被作业电梯在工作时发生严重的安全事故。

(2)工作标准的原则性。电梯安装维修从业人员服务于电梯企业,使用工具、夹具、量具、检测仪器及设备,安装、调试、维修、改造电梯。电梯安装维修行业职业道德的内容与电梯安装维修从业人员的职业活动紧密相连。一线作业人员在工作中必须坚持安全、合法、高效的原则,遵守国家特种设备相关法律,严格按照国家标准执业,遵从相关安全技术规范和标准。

(3)职业行为的指导性。电梯安装维修行业职业道德对电梯安装维修从业人员的职业行为具有重要的导向作用,有利于从业人员树立高度的社会责任感、使命感,树立正确的人生观、从业观,转变服务理念,讲究服务质量,注重特种设备的设备安全、作业人员的人身安全、使用人员的人身安全。面对各种特种设备现场作业过程,要求从业人员始终保持清醒的头脑,严格遵从安全操作规范,做到不损伤自己,不损伤他人,不损伤设备,坚决履行岗位应尽的职责。

(4)规范从业的约束性。电梯安装维修行业职业道德是从电梯安装维修从业人员长期的职业经历中提炼形成,作为具体实践的行业规范和职业要求,明确了

"什么是电梯作业安全，如何在作业过程中保障电梯安全、保障自身安全、保障他人安全"的标准，为社会所普遍认可，也易于为电梯安装维修从业人员接受并在职业活动中自觉规范自己的言行和操作过程。

3. 电梯安装维修行业职业道德的作用

（1）有利于规范职业秩序和职业行为。电梯安装维修行业职业道德有利于调节职业关系和对职业活动的具体行为进行规范。一方面，电梯安装维修行业职业道德可以调节电梯安装维修行业从业人员内部的关系，即遵循电梯安装维修行业职业道德规范，约束职业行为，促进职业内部人员的团队协作，在工作中不断提高职业技能，自觉抵制不良行为，共同为发展本行业、本职业服务。另一方面，电梯安装维修行业职业道德又可以调节电梯安装维修从业人员和服务单位之间的关系，如正确安全使用电梯设备、进行知识宣传等。

（2）有利于提高职业素质，促进本行业的发展。电梯安装维修行业职业道德是评价电梯安装维修从业人员的职业行为好坏的标准，能够促使从业人员尽最大的能力把工作做好，树立良好的行业信誉，维护安全的电梯使用环境。只有不断加强职业道德修养，提高职业素质，在电梯安装、调试、维修、改造作业过程中，在保护设备、保护自身和他人的生命财产安全等方面发挥出更大的作用，才能得到社会的认可，实现自我价值。

（3）有利于促进社会良好道德风尚形成。电梯安装维修行业职业道德是本行业全体从业人员的行为表现。如果每一名电梯安装维修从业人员都能够做到对自己负责、对工作负责、对社会负责，将塑造良好的社会形象，可以影响带动其他行业形成优良的道德风尚，对整个社会道德水平的提高发挥重要作用。

培训项目 2

职业守则

培训重点

掌握电梯安装维修工职业守则的内容

了解电梯安装维修工职业守则的有关要求

职业守则是从业人员在生产经营活动中恪守的行为规范。电梯安装维修工职业守则的内容是：遵纪守法，爱岗敬业；工作认真，团结协作；爱护设备，安全操作；遵守规程，执行工艺；保护环境，文明生产。

一、遵纪守法，爱岗敬业

1. 遵纪守法

遵纪，就是在职业行为中遵守纪律。纪律包括劳动纪律、规章制度、准则、工作职责（岗位职责）、公约、守则、条例以及特种行业的安全生产操作规定、规程等。

守法，就是遵守国家颁布的各种法律法规和管理条例。遵守宪法和法律法规以及职业纪律，是每个从业人员最起码的职业道德。

2. 爱岗敬业

爱岗敬业就是要热爱本职工作，在工作中兢兢业业、忠于职守、持之以恒，认真负责地履行全部岗位职责。在社会主义市场经济中，无论在哪个工作岗位，都是通过自己的工作创造物质和精神财富的，因此，做好本职工作，就成为对每个人的职业道德行为的基本要求。一个人如果不爱自己的工作，工作中敷衍塞责，甚至玩忽职守，就谈不上爱岗敬业，更谈不上为社会做贡献。

二、工作认真，团结协作

1. 工作认真

在工作中必须严格遵守相关安全操作规程和制度，绝不允许任何随心所欲的行为存在，应坚决克服工作松懈、思想麻痹，牢固树立工匠精神，保持一丝不苟的精神状态，将各种安全隐患及时消灭在萌芽状态。

2. 团结协作

在具体工作中，从业人员应处理好团结协作与竞争、分工和坚持原则的关系。

（1）处理好团结与竞争的关系。在工作中，竞争是必然存在的，竞争能促进发展，但是竞争必须制定规则，否则会演变成无序的、不正当的巧取豪夺。竞争必须公平、公正、公开。竞争的组织者必须不偏心、无私心；参与竞争者应该在积极竞争的同时，善于团结同事、联合同行、协调工作，以取得双赢。团结同事应做到坦诚待人、热情忍让、宽厚仁慈、求大同存小异。

（2）处理好分工与协作的关系。在企业的生产线上，在服务行业中，每个从业人员所处的岗位都有明确的分工和岗位目标责任制，但这不等于个人完成了所分配的工作就算尽职尽责了，工作中既有分工又有协作。协作就是协同工作，相互配合，这样才能形成团体的凝聚力，实现集体共同的目标。

（3）处理好团结协作与坚持原则的关系。要在坚持原则的基础上团结协作，要从国家利益、集体利益出发，不可以团结的名义拉帮结派、搞小团体，甚至相互包庇，奉行自由主义，取消批评和自我批评。

三、爱护设备，安全操作

1. 爱护设备

（1）合理安排设备工作负荷。电梯安装维修工应根据各种设备的性能、结构和技术经济特点，合理安排设备工作负荷，使各种设备物尽其用，避免"大机小用""精机粗用"等现象。

（2）规范设备使用要求。为了充分发挥设备的性能，使设备在最佳状态下使用，电梯安装维修工应熟悉并掌握设备的性能、结构、工艺加工范围和维护保养技术。企业一定要对新员工进行技术考核，合格后方可允许其独立操作。对于精密、复杂、稀有以及对安装维修具有关键性作用的设备，应由具有专门技术的人员去操作，实行定人定机，凭操作证操作。

（3）创造良好的运作条件。在一般情况下，设备所处的工作环境应清洁整齐、通风良好；对于精密的机器设备，应对工作环境的温度、湿度、防尘、防震等有更严格的要求。

2. 安全操作

进入 21 世纪以来，我国职业安全卫生工作形势十分严峻。交通、建筑、煤矿等行业频频发生的重特大事故，造成了人民群众生命财产的严重损失。这些生产事故绝大多数属于责任事故，主要是由于违章作业、疏于管理、监督不力造成的。技术工人普遍缺乏安全知识和自我保护意识，是事故最大的受害者，而他们中的某些人又往往是事故的直接责任者。因此，电梯安装维修工必须把安全操作作为最基本的职业道德内容，积极接受安全教育，树立"安全第一，预防为主"的自觉意识，从而形成一种注重职业安全的职业道德品质。

四、遵守规程，执行工艺

1. 遵守规程

遵守规程是指严格按照国家的法律、条例、标准、规程和有关制度等进行操作。电梯安装维修安全操作规程是客观规律的总结。大量事故表明，在生产活动中不遵守安全操作规程，是事故发生和扩大的主要原因。电梯安装维修工在实际工作中的一举一动都关乎自身和他人的安全。因此，应自觉遵守各种规章制度，防止事故的发生。

2. 执行工艺

执行工艺也是最基本的职业守则之一。执行工艺的意义主要体现在：一是可以提高工作效率；二是可以确保工作质量；三是可以保证工作时间；四是可以明确岗位职责，做到各司其职、各负其责；五是可以减少或防止安全事故发生；六是可以保证整个生产服务过程有组织地顺利进行。每一位从业人员都应该以执行工艺为荣，以违章违规为耻。

五、保护环境，文明生产

1. 保护环境

企业员工必须主动承担起推动生态文明建设、促进环境保护的义务和责任。要注重学习，提高认识，在施工时要注意控制现场的扬尘、废水、固体废弃物、噪声和强光对环境的污染与危害。倡导绿色施工，在保证质量、安全等基本要求的前提下，通过科学管理和技术进步，最大限度地节约资源，从节约一张纸、一度电、一个螺钉，少用或不用塑料袋，到不乱扔安装和维保垃圾，生产和维修中防止跑冒滴漏，不用易造成环境污染的化工产品等，减少对环境的负面影响。

2. 文明生产

文明生产是所有企业在生产过程中追求的重要目标，它直接关系到企业的信誉。对企业来说，维护和提高信誉靠的就是提高产品（服务）质量和落实文明安全制度。文明生产的目标需要全体从业人员共同努力，认真遵守法律和纪律的规定，严格按照安全操作规程从事劳动服务活动，才能实现。从业人员应积极接受文明生产教育，其作用表现在：一是可以提高从业人员文明安全生产和服务的意识，二是可以提高从业人员职业安全卫生的自律意识，三是可以提高从业人员保护国家和人民生命财产安全的意识，四是可以提高从业人员的自我保护意识，五是可以提高管理者安全卫生的管理意识。

理论知识复习题

一、判断题（将判断结果填入括号中。正确的填"√"，错误的填"×"）

1. 根据《中华人民共和国职业分类大典（2015 年版）》，我国职业分为八大类。
（　　）

2. 电梯安装维修工属于国家职业分类中第五大类生产制造及有关人员。

（　　）

3. 电梯安装维修工国家职业技能标准由人力资源社会保障部于 2018 年 12 月公布施行。
（　　）

4. 电梯安装维修工职业共设四个等级、含有安装调试、诊断修理、维护保养、改造更新、培训与管理五个职业功能。
（　　）

5. "爱岗敬业、诚实守信、办事公道、服务群众、奉献社会"，这是所有从业人员都应奉行的职业道德基本规范。
（　　）

二、单项选择题（选择一个正确的答案，将相应的字母填入题内的括号中）

1. 以下选项中不属于职业的特征的是（　　）。

A. 目的性　　　　B. 灵活性　　　　C. 规范性　　　　D. 社会性

2. 电梯安装维修工国家职业技能标准里含有安装调试、维护保养、改造更新、培训与管理及（　　）五个职业功能。

A. 诊断修理　　　　　　　　　B. 维修保养

C. 大修诊断　　　　　　　　　D. 修理调整

3. 电梯安装维修行业职业道德关系到电梯设备的安全性，关系到电梯安装维修从业人员的（　　），同时也关系到乘用电梯的人民群众的生命安全。

A. 职业发展　　　　　　　　　B. 工资待遇

C. 职位升迁　　　　　　　　　D. 生命安全

4. 一线作业人员在工作中必须坚持安全、（　　）、高效的原则。

A. 合法　　　　B. 准确　　　　C. 正确　　　　D. 合理

5. 企业一定要对新员工进行技术考核，（　　）后方可允许其独立操作。

A. 理解　　　　B. 掌握　　　　C. 合格　　　　D. 熟悉

理论知识复习题参考答案

一、判断题

1. √　2. ×　3. √　4. ×　5. √

二、单项选择题

1. B　2. A　3. D　4. A　5. C

职业模块 **2**

土建和机械制图知识

培训项目 ① 电梯土建工程图基本知识

培训重点

熟悉曳引电梯、自动扶梯土建技术要求

了解曳引电梯、自动扶梯土建工程图的组成

能够识读曳引电梯、自动扶梯、自动人行道土建工程图

　　电梯土建工程图是贯穿产品配置、销售制造、合同签订、结构设计、安装施工过程的极其关键和必不可少的技术资料。

　　为了融于建筑、易于规划、便于施工、利于安装，电梯土建工程图宜采用立面、平面、正面、剖（断）面、局部等表现形式。通常完整的电梯土建工程图兼容涵盖土建布置图和土建结构图。因此，电梯的土建工程图既能用作土建参照，也能用作安装依据。同时，在规范的电梯土建工程图中的技术说明表格内，还应详细标注客户名称、项目名称、工程地址、合同编号、电梯型号、额定速度、额定载重量、停层站数、提升高度、控制方式、驱动系统、电动机功率、启动电流、额定电流等主要参数。因此，看懂和弄清电梯土建工程图对电梯的购置、销售、配套、安装等工作的开展和完成具有很大帮助。

一、曳引电梯土建工程图

1. 曳引电梯土建技术要求

（1）机房

1）位置与尺寸。曳引电梯机房宜设在井道顶端上方空间内，有足够尺寸容纳曳引设备。机房面积随不同电梯类型而不同。控制柜前应有不小于 0.7 m 的作业深度，机房净高由厂家提供。

2）地面。机房地面应平整、坚固、防滑和不起尘。机房地面允许有两个不同的高度，当地面高差大于 0.5 m 时，应设高度不小于 0.9 m 的安全防护栏杆，两个不同高度的平面之间应设楼梯或台阶连接。

3）通道、楼梯与门。通往机房的通道与楼梯应在公共区域，楼梯应能承受电梯主机的重量。机房检修活板门宽度与高度均应大于 0.8 m。

4）预埋件和预留孔。曳引机承重梁必须埋入承重墙内或直接传力至承重墙上的支撑，墙上应预留洞口，承重梁的支承长度应超过墙中心 20 mm 且不应少于 75 mm。承重梁支点所承受重力必须满足电梯厂家要求。电梯机房顶部应设起吊钢梁或吊钩，位置宜与电梯井纵横轴的交点对中。

5）地面预留洞口。机房内楼板应预留出曳引机曳引绳的孔洞，尺寸尽量小，孔洞四周应设高度不小于 50 mm 的台缘保护。除上述孔洞外，不得留任何其他孔洞。

6）机房通风。机房内必须有良好的通风，陈腐空气不得排入机房内。液压电梯如无条件开外窗，应有通风设施。

7）防水。机房顶部应有良好的保温和防水措施，机房顶板上部不应布置水箱间和有水房间，不应在电梯机房内直接穿过水管与蒸汽管。

8）照明与动力。机房内应有充分的照明，地板面的照度不应低于 200 lx。照明电源应与动力电源分设，主电源开关应设在机房入口附近，并应为固定的电源开关。机房内还应设置一个或多个电源插座，插座为 250 V/2P + PE 型，其电压波动应在 ±7% 以内。

9）隔声与吸声。当建筑的功能和布局或建筑标准有隔声要求时，应对机房的墙壁和顶棚做吸声处理，地面做隔声处理，以隔绝电梯运行所产生的噪声，具体由工程设计方确定。

10）电源接地。机房应设置电梯设备专用的地线，地线应与建筑物的保护接地体直接连接并送至机房，该地线的对地电阻不得大于 4 Ω，地线用黄绿色标识。

（2）井道

1）安全。电梯井道结构应满足承载安全和电梯安装与运行要求。电梯井道为电梯专用通道，应单独设置。井道内不得装设与电梯无关的电线电缆等其他管线，严禁敷设可燃气体和甲乙丙类液体管道。井道也不得用于其他房间的通风。井道内必需的动力电源控制电缆应采用阻燃电缆。

2）防火。电梯井道壁、底板和顶板应为有足够强度的不燃烧体，不起灰尘。井道四壁及顶板应为建筑的承重结构。井道壁的耐火极限不应低于 1 h。

3）尺寸。井道应完全垂直于水平地面，井道尺寸允许偏差 K 只允许正偏差，其值见表 2-1。

表 2-1　电梯井道高度与井道允许偏差

井道高度 H（m）	允许偏差 K（mm）
$H \leqslant 30$	$0 \sim +25$
$30 < H \leqslant 60$	$0 \sim +35$
$60 < H \leqslant 90$	$0 \sim +50$
$H > 90$	应符合电梯土建工程图要求

4）层门与开口。电梯井道壁除层门开口、检修门、井道安全门和排气、通风等必要孔洞外，不得设置其他开口。当相邻两层门地坎间距离超过 11 m 时，应在此范围内设置井道安全门，门高不得小于 1 800 mm，门宽不得小于 350 mm。井道安全门应开向公共空间，当条件受限时，应由电梯厂家通过其他技术手段解决。

5）通风。井道顶部应设通风口（设于井道壁上），其面积不得小于井道截面积的 1%，通风口可直接通向室外，也可经机房通向室外。

6）预埋。钢筋混凝土井道壁安装导轨支架等部件所采用的膨胀螺栓应满足电梯厂家的规定，用以固定导轨的金属构件及牛腿等应与井道壁有牢固的连接。

7）照明。井道内应设永久性的电气照明装置，即使在所有的门关闭时，在轿顶面以上和底坑地面 1 m 以上的照度均至少为 50 lx。

8）安全隔障。同一井道装有多台电梯时，在井道内不同的电梯运动部件之间应设置隔障，隔障应至少从轿厢、对重行程的最低点延伸到最低层站楼面以上 2.5 m 高度。

9）隔声。当工程设计需要井道隔声时，井道壁做隔声处理。

（3）底坑

1）尺寸。底坑尺寸同井道，深度根据电梯类型、额定载重量、额定速度等确定（应为完成后的净深）。

2）防排水。井道底坑地面应不渗水、不漏水，不得作为积水坑使用，可设置排水装置。

3）载荷。底坑一般应落地，底坑地面应具有安装电梯部件所需要的足够强度。

4）墩座。底坑内的缓冲器座、导轨座、液压缸座等墩座应设计在电梯厂家要求的位置。在电梯安装时现场灌制，设计预留插筋。

5）检修。当底坑深度大于2.5 m且建筑物布置允许时，应设置一个符合安全门要求的进口。当没有进入底坑的其他通道时，应设置一个从层门进入底坑的永久性装置，且此装置不得凸入电梯运行空间。

6）安全隔障。装有多台电梯的井道底坑应在各台电梯间设置隔障，隔障最低点离底坑地面不大于0.3 m，且至少延伸到最低层站楼面以上2.5 m高度。在隔障宽度方向上，隔障与井壁之间间隙不应大于150 mm。

7）电源开关与插座。底坑内应设电梯停止开关及一个电源插座（250 V/2P+PE型）。

2. 曳引电梯土建工程图的识读

完整的曳引电梯土建工程图通常包括井道立面（纵剖面）图、井道平面布置图、机房平面布置图、底坑受力图、局部外视图（包括承重梁安装图、层门留孔图、牛腿加工图、层门入口详图等）以及电梯参数、电梯支反力、技术要求（即对用户和建筑商的要求）和项目信息框等，如图2-1所示。对于无机房电梯和液压电梯的土建工程图，还会有顶层平面布置图和底坑或下侧机房平面布置图等。电梯土建工程图中所设定的尺寸必须符合国家相关标准和规范中的要求。

（1）井道立面（纵剖面）图。井道立面图又叫井道纵剖面图，它反映了轿厢、对重、机房、层门、底坑部件与井道的空间关系，在图中标注的尺寸主要有机房高度、顶层高度、底坑深度、楼层高度、门洞高度，以及井道总高度和提升高度。除此之外，井道立面图还具体标示出固定导轨支架的预埋件挡距、井道照明的开距、底坑竖梯的位距、轿厢和对重与各自缓冲器接触面的间距，如图2-2所示。

1）机房高度。机房高度即机房地板至机房顶面的净垂直距离。对于有机房电梯，要求供工作活动的区域净高不小于2 m；电梯驱动主机旋转部件上方的垂直净

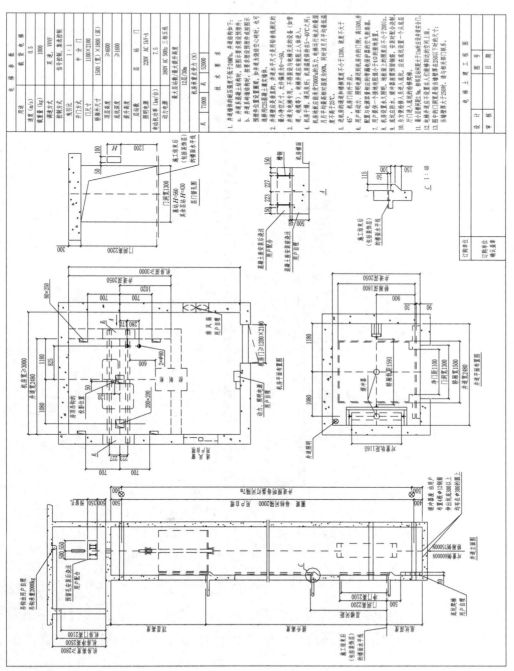

图 2-1 电引电梯土建工程图

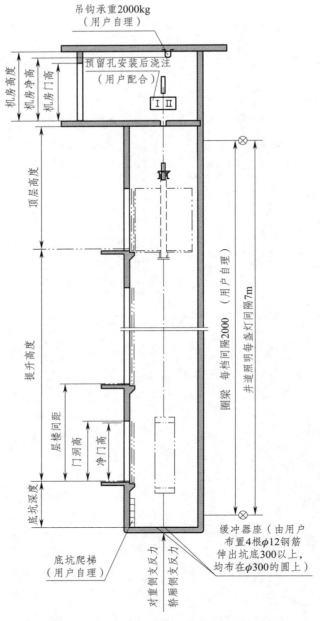

图2-2　井道立面图

空距离不小于0.3 m。同时，在接近曳引机上方的机房顶板（或上梁）处应注明带有承载重量标志的吊钩位置，吊钩承重应不小于1.5倍的曳引主机重量，通常在1 500～5 000 kg之间。

　　2）顶层高度。顶层高度是指顶层端站地坎上平面至井道顶板下最突出构件水平面的净垂直距离。由相关公式和实践经验可知，在安装、维保和改造的过程中，很容易使对重架底面与缓冲器顶面的最大距离超标（如曳引绳裁截过短）、固定在轿架的横梁上最高部件的垂直尺寸超标（如加装空调器），从而留下安全隐患。因此在电梯安装完成后，还需对顶层高度进行检查，使其满足使用要求。

3）底坑深度。底坑深度是指底层端站地坎上平面至井道底面的垂直距离。安装工程完成后，当轿厢完全压在缓冲器上时，底坑深度应同时满足下面三个条件。

①底坑中至少应有一个任一平面朝下放置、不小于 0.5 m×0.6 m×1.0 m 的长方体空间。

②底坑面与轿厢最低部件之间的自由垂直距离不小于 0.5 m。当垂直滑动门的部件、护脚板与相邻井道壁之间，轿厢最低部件与导轨之间的水平距离在 0.15 m 之内时，此垂直距离允许减少到 0.1m；当轿厢最低部件与导轨之间的水平距离大于 0.15 m 但不大于 0.5 m 时，该垂直距离可按线性关系增加至 0.5 m。

③底坑中固定的最高部件（如补偿绳张紧装置、限速器绳张紧装置等，但不包括垂直滑动门、护脚板和导轨）的最上位置与轿厢的最低部件之间的自由垂直距离不小于 0.3 m。

4）门洞高度。由于层门入口的最小净高度为 2 m，因此层门的门洞高度应大于 2 m。门洞高度既要考虑为层门、地坎和门套安装固定附属部件预留尽可能大的间隙，也要考虑为减少回填与封补剩余孔隙的工程量而设定尽可能小的尺寸。另外检修门的门洞高度应大于 1.4 m，井道安全门的门洞高度应大于 1.8 m，检修活板门的门洞高度应小于等于 0.5 m。

（2）机房平面布置图。机房平面布置图简称机房平面图，它反映了电梯曳引机、控制柜、限速器、电源箱、排风扇、通风窗等在机房内的安放位置，表示机房中的设备与井道里的部件及土建结构的搭配布置。机房一般设置在井道的顶部，当然也可根据需求设置在井道的中部、下部或侧部，还有一种无机房电梯，应用也较广泛。一般来说，机房（包括小机房电梯的机房）面积都应该符合电梯机房的相关标准规范和土建的技术要求，要考虑散热隔噪、电梯部件的挪卸拆装，确保安装维修人员安全及容易操作。图 2-3 所示是电梯的机房平面图，其上还需标明建筑物（常为钢筋混凝土井道壁或结构圈梁）所承受的作用力（也叫支反力），如图中 R_1、R_2。

传统液压电梯的机房多为下侧布置，如图 2-4 所示。

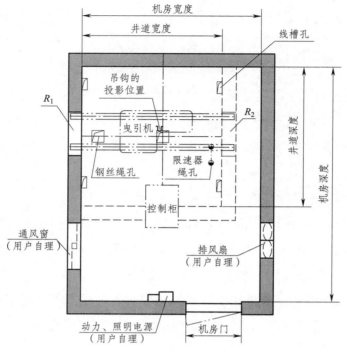

图2-3　机房平面布置图

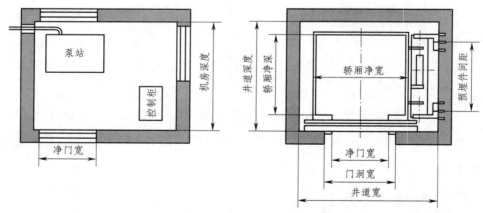

图2-4　液压电梯下侧机房与井道平面布置图

（3）井道平面布置图。井道平面布置图，简称井道平面图。它主要表示在井道内轿厢、对重、层门、导轨、井道开关、随行电缆、限速器绳等的摆放和放置位置，如图2-5所示。根据对重布置位置的不同，井道平面图可分为对重后置式和对重侧置式两种，而对重侧置式又可分为左侧置式和右侧置式。

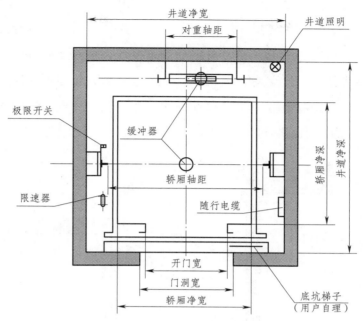

图 2-5　对重后置式井道平面布置图

 **特别提示**

　　为了缩小允许偏差和满足安装精度，井道平面布置图通常标明和注解以下的规格参数与水平尺寸。

　　1）井道：净宽 × 净深。

　　2）轿厢：净宽 × 净深，外宽 × 外深。

　　3）门中心线、门洞宽、开门宽、层门地坎深度，以及层门地坎与轿门地坎间的距离。

　　4）轿厢、对重的导轨支架位置及导轨间的轴距、对重框架的位置。

　　5）井道线槽、井道照明、随行电缆、平层感应装置、极限开关、井道控制与中继及分支接线箱的布设。

　　（4）机房留孔图。机房留孔图用于详细标注曳引绳、限速器绳、随行电缆、井道布线槽在机房地面上的开孔位置和尺寸，以及用于标注起重搬运的吊钩在机房顶梁处的固定位置和尺寸，如图 2-6 所示。对于机房平面图和机房留孔图，有些电梯厂家会将其合二为一，而有些电梯厂家会分别绘制。

（5）底坑受力图。底坑受力图主要表示底坑中各部件对底坑地面的作用力。如图2-7所示，受力一般会用字母在图中注明，并会在图样右侧专门列表写明支反力数值，图中P_1表示对重缓冲器处承受的支反力，P_2表示轿厢缓冲器处承受的支反力。一般情况下，当支反力点的单位作用值足够大而相近支反力点间的单位距离值足够小时，如对重缓冲器受力点旁的对重导轨受力点、轿厢缓冲器受力点侧的补偿张紧装置受力点，可省略标注。

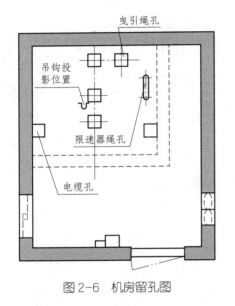

图2-6　机房留孔图

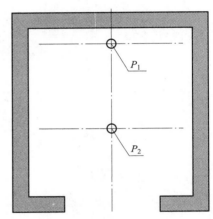

图2-7　底坑受力图

（6）局部外视图。局部外视图主要有承重梁安装图、层门留孔图、牛腿加工图、层门入口详图等。

1）承重梁安装图。承重梁安装图主要表示曳引机承重梁两端放置方式和尺寸。为便于安装操作，一般会注明承重梁两端是放置在混凝土座上还是在井道壁上预留孔洞、混凝土座或预留孔洞的高度以及布置方式，如图2-8所示。

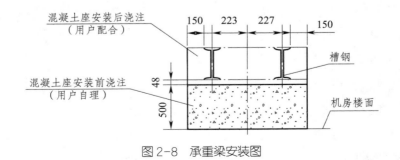

图2-8　承重梁安装图

2）层门留孔图。层门留孔图表示电梯层门、门套、呼梯盒、消防盒、楼层指示装置在入口侧井道壁处预制孔洞的形状和位置，如图2-9所示。层门留孔图是工程设计方为避免日后安装时再耗费人力和工时在井道壁上开凿敲砸，而在留孔时绕道及规避主干或分支钢筋结构的参考资料。为便于安装操作，一般还需在门洞的适当范围内标明固定层门和门套所需用的预埋构件或膨胀螺栓分布点。

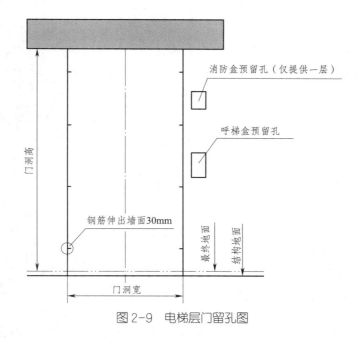

图2-9　电梯层门留孔图

3）牛腿加工图。牛腿的作用是方便安装层门地坎支座及踏板，有些电梯厂家需要建筑方在每个层站门洞预制突出井道垂面低于地平的台阶，而有些则提供用于固定层门地坎支座及踏板的支架构件或结构钢架，不需要在井道层站门洞内另加牛腿。牛腿加工图反映了安装层门地坎支座及踏板需要土建配合施工的平台形状和尺寸，如图2-10所示。

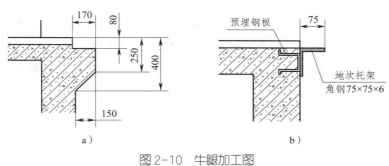

图2-10　牛腿加工图

a）混凝土牛腿　b）角钢牛腿

4）层门入口详图。层门入口详图表示了层门、门套及地坎的安装效果。依据层门宽度和门套形式的不同，有多种配置的层门入口详图。通常情形下，层门宽度有 800 mm、900 mm、1 000 mm、1 100 mm 和 1 200 mm，门套形式有无门套、小门套、直角式大门套、斜角式大门套，如图 2-11 所示。

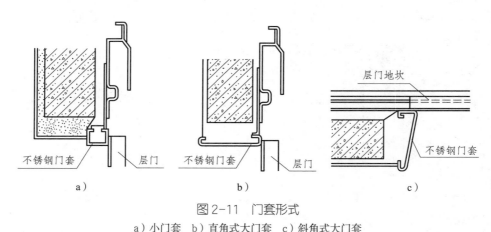

图 2-11 门套形式
a）小门套 b）直角式大门套 c）斜角式大门套

其他局部详图还有机房吊钩安装详图、预埋件放大图、预埋件安装详图等。

二、自动扶梯土建工程图

在车站、码头、机场、商场等人流密度大的场合经常可以看到自动扶梯，它在一定方向上具有连续输送大量乘客的能力，并且结构紧凑、安全可靠、安装维修方便。熟悉和掌握自动扶梯土建工程图对于自动扶梯的安装工作来说是必不可少的。

1. 自动扶梯土建技术要求

（1）室内自动扶梯的底坑内不应有水渗入，当地下水位较高时，底坑应有防水防潮措施。若自动扶梯与建筑基础底板相连时，底板必须考虑防水。当可能有阳光直射时，必须对外窗、幕墙或玻璃顶棚采取遮阳措施。

（2）室外自动扶梯的底坑应在周围设置斜坡和排水沟，防止周边地面水渗入底坑。在自动扶梯底坑内应设置排水装置，及时排除积水，排水管直径应保证底部油盘至底坑通道处不被阻塞。

（3）室内自动扶梯应按要求设置中间支撑，室外条件下工作的扶梯必须设置中间支撑。支撑可以是钢筋混凝土结构或钢结构，相邻支撑之间的间距不应大于

10 m。

（4）室外自动扶梯工作时会遭遇日晒雨淋、风沙侵蚀，制造厂家应对其结构做特殊的防水防尘与防腐蚀处理，按照标准和规范的建议，宜设置顶棚和围封。

（5）每台自动扶梯的出入口畅通区宽度必须大于自动扶梯的宽度，进出口通道的净深必须大于 2.5 m。当通道的宽度大于自动扶梯宽度的 2 倍时，则通道的净深可缩小到 2 m。

（6）自动扶梯踏板和胶带上空垂直净高不应小于 2.3 m。自动扶梯之间的间隙大于 0.2 m 时应设防坠落安全措施。

（7）自动扶梯的进出口必须设防护栏杆或防护板，并能防止儿童钻、爬。自动扶梯进出口通道必须有照明，地面的光照度不低于 50 lx。

（8）扶手带外缘与墙壁或其他障碍物之间的水平距离在任何情况下不应小于 80 mm；扶手带下缘与墙壁或其他障碍物之间的垂直距离不应小于 25 mm。

（9）安装时，在自动扶梯上方的适当位置预留或现场钻制吊装孔，安装应有足够的场地和运输通道。任何建筑结构和防护结构均不得作用于自动扶梯上。在其正上方，不可安装消防喷淋装置。

（10）零线和接地线应分开，且不得安装熔断器，接地电阻应小于 4 Ω。

2. 自动扶梯土建工程图的识读

完整的自动扶梯土建工程图通常包括立面图、平面图、正面图、局部放大详图和底坑处理图等。自动扶梯土建工程图中所设定的尺寸必须符合相关标准和规范的要求。

（1）立面图。自动扶梯土建立面图也叫土建剖面图。它反映了自动扶梯所占据的梁距（也称为净空长度或水平跨度）、倾斜角度、提升高度、底坑深度、垂直净高度（即最小层距）、支反力等。图 2-12 所示为自动扶梯土建立面图，其提升高度见表 2-2。

下支承垂直坑面至上支承垂直坑面的梁距可由自动扶梯长度计算确定，而自动扶梯长度可由提升高度确定，自动扶梯的倾斜角度（即梯级运行方向与水平面构成的最大角度）一般为 30°，根据相关标准规定，其垂直净高度大于等于 2 300 mm。立面图中还需标出上端站支点所承受的支反力 R_1、下端站支点所承受的支反力 R_2（见表 2-2）、楼板能承受的临时最大吊力 50 kN。自动扶梯的土建立面图对安装施工有着十分重要的指导及提示作用。

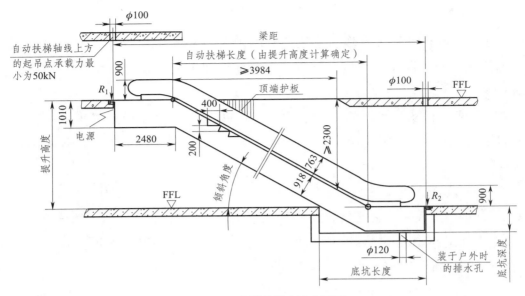

图 2-12　自动扶梯土建立面图

表 2-2　提升高度和支反力

参数	提升高度（mm）	支反力（kN）	
		R_1	R_2
梯级宽度 600 mm，速度 0.5 m/s	3 000	47	42
	4 000	53	48
	5 000	60	54
	6 000	66	60

（2）平面图。自动扶梯的土建平面图表明了自动扶梯所占长度、宽度以及应与周边的梁、柱、墙等障碍物保持的最小间距。若自动扶梯扶手带外缘与周边的梁、柱、墙等障碍物之间的水平距离小于 0.4 m，应在接近该障碍物的自动扶梯外盖板的上方设置一块预防碰夹的无锐利边缘的三角形警示板，该警示板下垂高度不应小于 0.3 m 且至少延伸到扶手带下缘 25 mm 处。图 2-13 所示是自动扶梯单台布置的平面图。

（3）正面图。自动扶梯的土建正面图即正视图。它给出了自动扶梯所占宽度、净空尺寸、提升高度、底坑深度及与客户提供的护栏间应保持的间隙、两台并列扶梯的中心间距等。图 2-14 所示为自动扶梯正面图，其相关尺寸见表 2-3，其中 A 为扶梯裙板之间宽度，B 为扶梯总宽度，C_{min} 为底坑最小宽度，D 为扶手中心距。

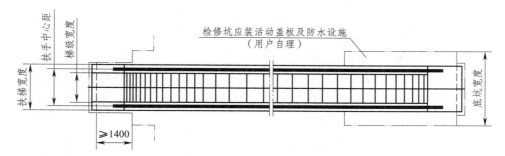

图 2-13 自动扶梯土建平面图

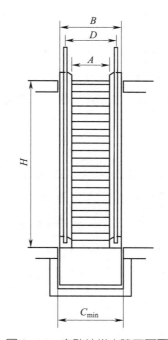

图 2-14 自动扶梯土建正面图

表 2-3 自动扶梯技术参数表 单位：mm

	梯级宽度 600	梯级宽度 800	梯级宽度 1 000
A	600	800	1 000
B	1 200	1 400	1 600
C_{min}	1 260	1 460	1 660
D	838	1 038	1 238

（4）局部放大详图。如图 2-15 所示，自动扶梯局部放大详图是对土建工程图的细节补充和完善，通常是对自动扶梯两端支承部分、中间支撑部分以及当支承梁与支撑柱由钢结构或混凝土制作时进行细节补充。图中 E 指钢板长度。

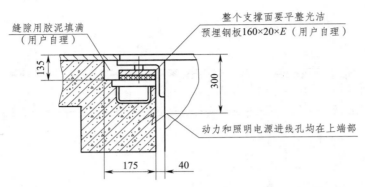

图 2-15　自动扶梯两端支承部分的局部放大详图

（5）底坑处理图。通常情况下，装于室内的首层或地下层的自动扶梯的底坑均须做渗漏水处理。但特殊状况下，对用于室外的任何层的自动扶梯的底坑除了应做好渗漏水处理外，还必须采取防水措施并配备排水设施。

三、自动人行道土建工程图

自动人行道也是一种运载乘客的连续输送机械，它与自动扶梯不同之处在于梯路始终处于平面状态（梯级运行方向与水平面夹角不大于 12°），两侧装设有扶手带装置以供乘客扶持之用，同样装设有多种安全装置。

和自动扶梯一样，自动人行道土建工程图也包括立面图、平面图、正面图、局部放大详图等。自动扶梯土建工程图的识读方法同样适用于自动人行道土建工程图的识读。

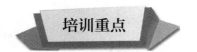

培训项目　**2**

零件图基本知识

培训重点

了解零件图的定义和内容

熟悉零件的视图表达方法

了解表面结构的概念和图形符号

熟悉表面结构的标注方法

熟悉公差与配合的概念

掌握零件的尺寸标注方法

一、零件图概述

1. 零件图的定义

零件图是用来表示零件的结构形状、大小和有关"技术要求"的图样。在学习本节内容时，需要注意零部件间以及零件图与装配图间的关系。在识读或绘制零件图时，要充分考虑零件在部件中的相对位置、所起的作用，以及和其他零件间的装配关系，进而理解各个零件的形状、结构和加工方法。

2. 零件图的内容

（1）一组视图。用一组视图（基本视图、剖视图、断面图、局部放大图等）完整、清晰表达零件的内外结构形状。如图 2-16 所示，该阀芯零件采用了主、左视图进行表达，其中主视图采用全剖视，左视图则采用了半剖视。

（2）完整的尺寸标注。零件图应正确、完整、清晰、合理标注零件在制造和检验时所需的全部尺寸。如图 2-16 所示，主视图中所标注的阀芯球体直径 $S\phi 40$ mm 和阀芯前后端面距 32 mm 确定了阀芯的轮廓形状，中间通孔的尺寸为直径

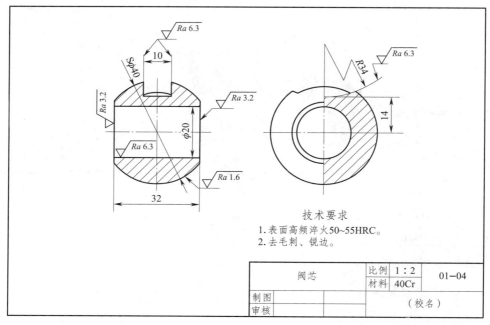

图 2-16　阀芯零件图

$\phi20\,\text{mm}$。上部凹槽的形状和位置需结合主视图中尺寸 10 mm 和左视图中尺寸半径 $R34\,\text{mm}$ 及 14 mm 来确定。

（3）技术要求。采用规定的符号、代号、标记和简要的文字来表达零件制造和检验过程中所需达到的各项技术指标和要求。如图 2-16 所示，阀芯的技术要求为相关表面粗糙度为 $Ra6.3\mu\text{m}$、$3.2\mu\text{m}$、$1.6\mu\text{m}$，此外对零件加工过程中，其表面进行高频淬火热处理，强度要求为 50～55 HRC，并要去毛刺、锐边等。

（4）标题栏。标题栏中一般需要注明单位名称、零件名称、材料、重量、比例、图号等。根据图 2-16 标题栏内容，可知该零件为阀芯，采用 1∶2 比例绘制，材料则为 40Cr 等信息。

二、零件的视图表达

零件图需要完整、清晰表达出零件的结构形状，为了实现这一要求，需要事先分析出零件的结构形状特点，并尽可能了解其在机器或部件中的位置和作用。为此在确定好零件的三视图后，要灵活采用其他视图（剖视图、断面图、局部放大图等）将零件表达得更清楚。

1. 主视图的选择

主视图是一组视图的核心。选择主视图时，关键是确定零件的放置位置和主视图的投影方向。

（1）确定零件的放置位置。选择主视图时，应使其能尽可能反映零件的主要加工位置或机器中的工作位置。

加工位置是指零件在主要加工工序中被装夹的位置，主视图需要和加工位置相对应，方便制造者识图。例如，轴、套、轮盘等零件的主要加工工序是在车床或磨床上进行的，这类零件对应的主视图中，其轴线应水平放置。如图 2-17 所示的泵轴，主视图反映的加工位置对应着轴线水平放置。

工作位置是指零件在机器或部件中工作时的位置，如支座、箱壳等零件，它们的结构形状较为复杂，加工工序较多，加工时需要经常变换装夹位置，因此在作图时零件放置位置则是按主视图反映工作位置确定的，便于零件图与装配图相对照。

（2）确定主视图的投影方向。当零件的放置位置确定好之后，再按照能较好反映零件的加工位置或工作位置，且能较明显反映该零件各部分结构形状及它们之间相对位置的一面作为主视图，从而选定主视图的投影方向。

2. 视图表达方案的选择

在确定好主视图后，对于零件在主视图中尚未表达清楚的部分结构，可选用其他视图，采用合适的方法表达出来，且每个视图表达有侧重点，各视图间相互补充而不重复。在选择视图时，应优先选用基本视图以及在基本视图上做适当的剖视，在充分清楚表达零件结构形状前提下，尽量减少视图数量，力求简便。

3. 典型零件的视图表达方案

虽然零件结构形状多种多样，但大体可分为回转体和非回转体两类。

（1）回转体类零件。回转体类零件一般指轴、套、盘、盖等。这类零件的结构特点是各组成部分多为通轴线的回转体，在视图表达时以加工位置使零件轴线水平放置作为主视图，视图中能精准反映零件的主体结构，轴、套类零件若有需要可再采用局部剖视或其他辅助视图表达局部结构形状；对于盘、盖类零件常采用两个基本视图表达，主视图采用全剖，另一视图则清楚表达外形轮廓和其他组成部分。如图 2-17 所示，泵轴的主视图中采用了局部剖视，并补充 $A—A$ 断面图和 Ⅰ、Ⅱ 局部放大图，分别来表达键槽、退刀槽的局部结构。

（2）非回转体类零件。非回转体类零件一般指叉、架、箱体等。这类零件特点为形状较为复杂，加工位置多变。针对这种情况，常以该零件自然位置或工作位置安放，再选定投影方向，将相对能明显反映零件形状特征和相对位置的那个面作为主视图，并选择合格的辅助视图，以恰当的方法表达其内部复杂结构形状。

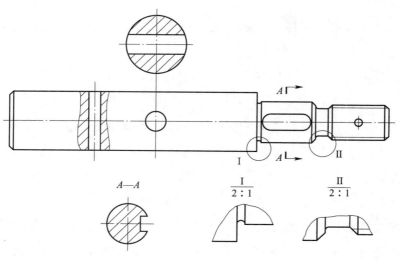

图 2-17　泵轴的视图选择

图 2-18 所示是一个轴承座。该轴承座由三部分构成：轴承孔（上部圆筒）内安装回转轴，轴承孔上部凸台中间的螺纹孔用于安装油杯，以润滑回转轴，此外轴承与安装底板间通过加强结构强度的三角形肋板进行连接。

零件表达就是通过一组视图将零件的结构形状清晰表达出来。参照图 2-18，选择 A 投影方向作为主视图，并在主视图中采用局部剖来表达安装底板通孔结构；选择 B 投影方向作为左视图，左视图则采用全剖，能清晰反映出轴承座的内部结构；选择 C 投影方向作为俯视图，在俯视图中按剖面线方向进行剖切，可以反映出加强肋板的结构，三视图如图 2-19 所示。这种表达形式将所涉及的零件结构简练、清晰地表达出来。

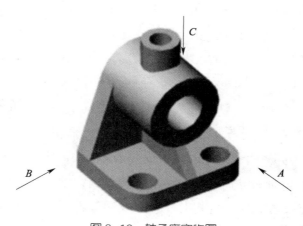

图 2-18　轴承座实物图

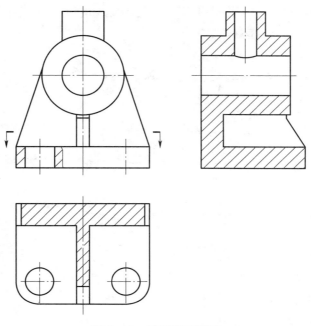

图 2-19　轴承座三视图

三、表面结构在图样上的表示法

零件图除了包含图形和标注尺寸外，通常还注有制造该零件时应满足的一些加工要求，一般称为"技术要求"，例如零件相关表面粗糙度、尺寸公差、几何公差以及材料热处理等要求。机械图样上，为确保零件装配后能满足一定的使用要求，除了给出零件各部分结构的尺寸公差及几何公差要求外，还应当根据功能需要对零件的表面质量——表面结构提出相应要求。表面结构是表面粗糙度、表面波纹度、表面缺陷、表面纹理和表面几何形状的总称。

1. 基本概念及术语

（1）表面粗糙度。零件经过机械加工后的表面会留有许多高低不平的凸峰和凹谷，零件加工表面上具有较小间距和峰谷所组成的微观几何形状特性称为表面粗糙度。

（2）表面波纹度。在机械加工过程中，机床、工件和刀具系统间的相互作用产生振动，会导致在工件表面形成间距比粗糙度大得多的表面不平度，称为表面波纹度。

（3）形状误差。主要由加工机床的几何精度、工件的安装误差、热处理变形等因素造成的误差。

零件的截面轮廓曲线由表面粗糙度、表面波纹度以及形状误差同时叠加形成，如图 2-20 所示。

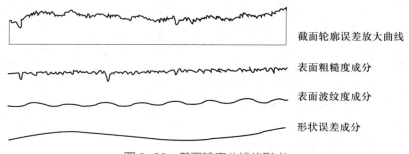

截面轮廓误差放大曲线

表面粗糙度成分

表面波纹度成分

形状误差成分

图 2-20　截面轮廓曲线的形成

（4）评定表面结构常用的轮廓参数。对于零件表面结构的状况，通常采用轮廓参数进行评定。Ra 和 Rz 是轮廓参数中两个重要的参数。

1）算术平均偏差 Ra。如图 2-21 所示，Ra 指在一个取样长度内，纵坐标 z 在基准线 x 上的绝对值的算术平均值。

2）轮廓的最大高度 Rz。Rz 指在同样的取样长度内，轮廓线上最大的轮廓峰值与最大轮廓谷值间的绝对值之和。

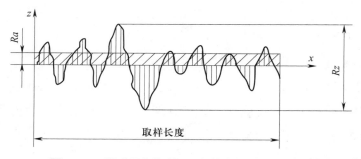

图 2-21　算术平均偏差 Ra 和轮廓的最大高度 Rz

目前，各国均普遍采用算术平均偏差 Ra，它既能反映加工表面的微观几何形状特征，又能反映凸峰高度；轮廓最大高度 Rz 则只能反映表面轮廓的最大高度，不能反映轮廓微观几何形状特征。通常根据零件表面功能和生产经济合理性，结合表 2-4 来选用合适的 Ra 数值。

2. 标注表面结构的图形符号

标注表面结构的图形符号要求见表 2-5。

表 2-4　*Ra* 的数值系列以及不同表面粗糙度的外观情况、加工方法和应用举例

Ra 数值	表面外观情况	主要加工方法	应用举例
50、100	明显可见刀痕	粗车、粗铣、粗刨、钻、粗纹锉刀和粗砂轮加工	表面粗糙度值最大的加工面，一般很少应用
25	可见刀痕		
12.5	微见刀痕	粗车、刨、立铣、平铣、钻	不接触表面、不重要的接触面，如螺钉孔、倒角、机座底面等
6.3	可见加工痕迹	精车、精铣、精刨、铰、镗、粗磨等	没有相对运动的零件接触面，如箱、盖、键等；相对运动的零件接触面，如支架孔、衬套等的工作表面
3.2	微见加工痕迹		
1.6	看不见加工痕迹		
0.8	可辨加工痕迹方向	精车、精铰、精拉、精镗、精磨等	要求密合很好的接触面，如与滚动轴承配合的表面；相对运动速度较高的表面，如滑动轴承的配合表面等
0.4	微辨加工痕迹方向		
0.2	不可辨加工痕迹方向		
0.1	暗光泽面	研磨、抛光、超级精细研磨等	精密量具的表面、极重要零件的摩擦面，如汽缸内表面、精密机床的主轴颈等
0.05	亮光泽面		
0.025	镜状光泽面		
0.012	雾状镜面		

表 2-5　标注表面结构的图形符号要求

符号名称	符号	含义
基本图形符号	 √	未指定工艺方法的表面，没有补充说明时不能单独使用
扩展图形符号	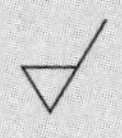 √	表示指定表面是用去除材料的方法获得
	 √	表示指定表面是用不去除材料的方法获得
完整图形符号	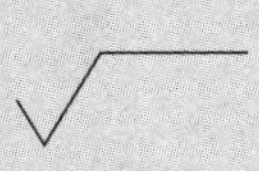  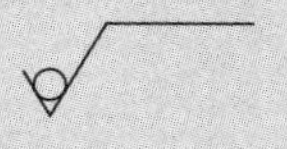 √　√　√	在以上出现的各种符号的长边上加一横线，以便于标注表面结构特征的补充信息

3. 表面结构要求在图样中的注法

（1）表面结构要求对每一表面一般只标注一次，并尽可能将尺寸和相对应的公差标注在同一个视图中。

（2）表面结构的注写和读取方向要与尺寸的注写和读取方向相一致。如

图 2-22 所示，表面结构要求标注在零件的轮廓线上，且应从外向内指向并接触零件表面；此外也可如图 2-23 所示，采用带黑点或箭头的指引线引出标注。

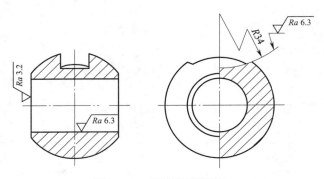

图 2-22 标注在轮廓线上

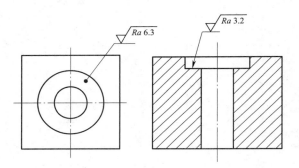

图 2-23 用指引线引出标注

（3）为了避免引起误解，可标注在相应尺寸线上，如图 2-24 所示。

（4）如图 2-25 所示，可标注在几何公差框格上方。

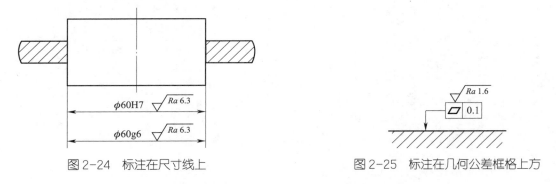

图 2-24 标注在尺寸线上　　　　　　图 2-25 标注在几何公差框格上方

（5）圆柱和棱柱的表面结构要求只标注一次，例如标注在圆柱特征或其轮廓线上（见图 2-26）。如果每个棱柱表面有不同的表面结构要求，则应分别标注（见图 2-27）。

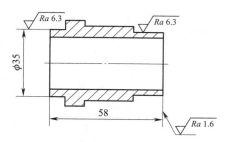

图 2-26　标注在圆柱特征或延长线上

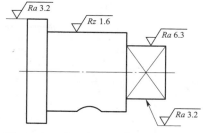

图 2-27　圆柱或棱柱的表面结构标注

四、公差与配合简介

公差与配合是零件图和装配图中重要的技术要求，也是检验产品质量的技术指标。

1. 公差与配合的基本概念

（1）公差与配合作用。公差与配合主要是为了实现零件的互换性。所谓的零件互换性是指在装配机器或部件时，从一批规格相同的零件中任取一件，不经修配就能立即装到机器或部件上，并能保证使用要求。通常公差分为尺寸公差和几何公差。

（2）尺寸公差。零件制造过程中，由于机床精度、刀具磨损、测量误差等综合因素影响，实际加工尺寸与设计图样上的公称尺寸间总存在一定的误差。因此在满足设计要求的前提下，并考虑加工的可能性和经济性，尽量选用较低精度，将零件尺寸控制在允许变动范围内，这些允许的尺寸变动量称为尺寸公差。

1）公称尺寸。结合图 2-28 可知，$\phi 30$ 就是设计给定的理想尺寸。

2）极限尺寸。允许尺寸上下变动的极限值。

上极限偏差：图中反映的尺寸 30+0.01=30.01 mm，即允许的最大尺寸。

下极限偏差：尺寸 30-0.01=29.99 mm，即允许的最小尺寸。

3）极限偏差。极限尺寸与公称尺寸的差值，统称极限偏差。孔的上、下极限偏差代号分别用大写字母 ES 和 EI 表示；轴的上、下极限偏差代号则分别用小写字母 es 和 ei 表示。如图 2-28 所示，上极限偏差 ES=30.01-30=+0.01 mm；下极限偏差 EI=29.99-30=-0.01 mm。

4）尺寸公差。允许尺寸的变动量，即上、下极限偏差相减的绝对值。

图 2-28 中的尺寸公差 =30.01-29.99=0.02 mm 或 |0.01-（-0.01）|=0.02 mm。

（3）几何公差。在加工某些精确度要求较高的零件时，不仅需要保证其尺寸公差，而且还要保证其几何公差。GB/T 1182—2018《产品几何技术规范（GPS）

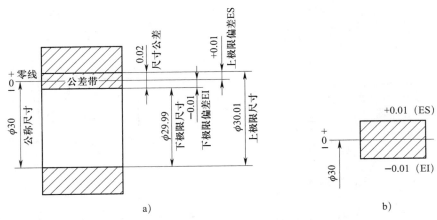

图2-28　尺寸公差中的术语解释及公差带图

a）术语解释　b）公差带图

几何公差形状、方向、位置和跳动公差标注》中规定了工件几何公差标注的基本要求和方法。几何公差通常包括形状、方向、位置和跳动公差。

1）几何公差类型、几何特征和符号（见表2-6）

表2-6　几何公差类型、几何特征和符号

公差类型	几何特征	符号	有无基准	公差类型	几何特征	符号	有无基准
形状公差	直线度	—	无	位置公差	位置度	$\oplus$	有或无
	平面度	$\varParallel$			同心度（用于中心点）	$\odot$	有
	圆度	$\bigcirc$					
	圆柱度	$\not\parallel$			同轴度（用于轴线）		
	线轮廓度	$\frown$					
	面轮廓度	$\cap$			对称度	$=$	
方向公差	平行度	//	有		线轮廓度	$\frown$	
	垂直度	$\perp$			面轮廓度	$\cap$	
	倾斜度	$\angle$		跳动公差	圆跳动	$\nearrow$	
	线轮廓度	$\frown$			全跳动	$\nearrow\nearrow$	
	面轮廓度	$\cap$					

2）公差框格。用公差框格标注几何公差时，公差要求注写在划分成两格或多格的矩形框格内。公差框格标注内容示意图如图2-29所示。

图 2-29　公差框格标注内容示意图

3）被测要素。按下列方式之一用指引线连接被测要素和公差框格。指引线引自框格的任意一侧，终端带有一箭头。箭头指向被测要素的轮廓线或其延长线，如图 2-30 所示。

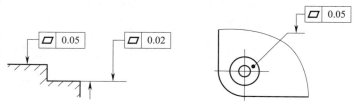

图 2-30　被测要素的标注方法（一）

当公差涉及被测要素的中心线、中心面或中心点时，箭头应位于相应尺寸线的延长线上，如图 2-31 所示。

4）基准。与被测要素相关的基准用大写字母表示。具体基准符号标注如图 2-32 所示。

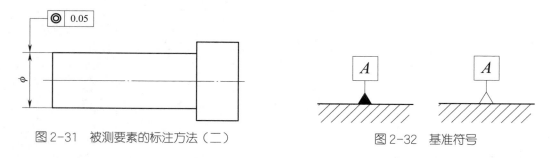

图 2-31　被测要素的标注方法（二）　　　　图 2-32　基准符号

以单个要素作基准时，在公差框格内用一个大写字母表示，如图 2-33a 所示；可以中间加连字符的两个大写字母建立公共基准体系，如图 2-33b 所示；此外还可按基准的优先顺序自左至右依次填写在各个框格内，如图 2-33c 所示。

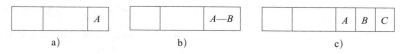

图 2-33　基准要素的常用标注方法

a）单要素作基准　　b）公共基准体系　　c）按基准优先顺序填写

（4）配合。公称尺寸相同并相互结合的孔和轴公差带之间的关系，称为配合。由于孔和轴的尺寸不同，配合后会产生间隙或过盈。当孔尺寸减去相配合轴的尺寸之差为正时是间隙，为负时是过盈。

根据实际需要，配合分为间隙配合、过盈配合、过渡配合。

1）间隙配合。具有间隙（含最小间隙等于零）的配合称为间隙配合。此时，轴公差带在孔公差带下方，如图 2-34a 所示。

2）过盈配合。具有过盈（含最小过盈等于零）的配合称为过盈配合。此时轴公差带在孔公差带上方，如图 2-34b 所示。在此配合情况下，需借助外力或对带孔零件进行加热膨胀后，方可使轴装入孔内。

3）过渡配合。处于间隙配合和过盈配合间的配合，属于过渡配合。此时，孔公差带与轴公差带间相互交叠，如图 2-34c 所示。

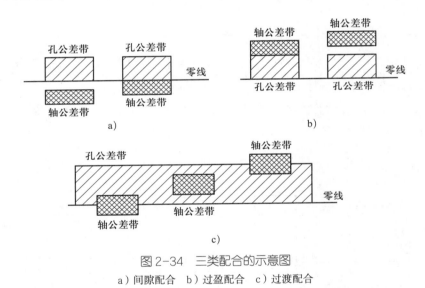

图 2-34　三类配合的示意图

a）间隙配合　b）过盈配合　c）过渡配合

2. 标准公差与基本偏差

为满足不同的配合要求，国家标准规定，孔、轴公差带由标准公差和基本偏差两部分组成，其中，公差带大小由标准公差确定，而基本偏差则用于确定公差带位置，如图 2-35 所示。

（1）标准公差（IT）。根据 GB/T 1800.1—2009《产品几何技术规范（GPS）极限与配合　第 1 部分：公差、偏差和配合的基础》极限与配合制相关规定，标准公差的数值由公称尺寸和公差等级来确定，标准公差分为 20 个等级，即 IT01、IT0、IT1、…、IT17、IT18。常用标准公差的数值可查阅表 2-7。

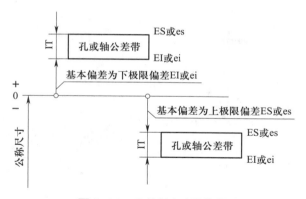

图 2-35 公差带大小及位置

表 2-7 常用标准公差数值

公称尺寸（mm）		标准公差等级																	
		IT1	IT2	IT3	IT4	IT5	IT6	IT7	IT8	IT9	IT10	IT11	IT12	IT13	IT14	IT15	IT16	IT17	IT18
大于	至	μm											mm						
—	3	0.8	1.2	2	3	4	6	10	14	25	40	60	0.1	0.14	0.25	0.4	0.6	1	1.4
3	6	1	1.5	2.5	4	5	8	12	18	30	48	75	0.12	0.18	0.3	0.48	0.75	1.2	1.8
6	10	1	1.5	2.5	4	6	9	15	22	36	58	90	0.15	0.22	0.36	0.58	0.9	1.5	2.2
10	18	1.2	2	3	5	8	11	18	27	43	70	110	0.18	0.27	0.43	0.7	1.1	1.8	2.7
18	30	1.5	2.5	4	6	9	13	21	33	52	84	130	0.21	0.33	0.52	0.84	1.3	2.1	3.3
30	50	1.5	2.5	4	7	11	16	25	39	62	100	160	0.25	0.39	0.62	1	1.6	2.5	3.9
50	80	2	3	5	8	13	19	30	46	74	120	190	0.3	0.46	0.74	1.2	1.9	3	4.6
80	120	2.5	4	6	10	15	22	35	54	87	140	220	0.35	0.54	0.87	1.4	2.2	3.5	5.4
120	180	3.5	5	8	12	18	25	40	63	100	160	250	0.4	0.63	1	1.6	2.5	4	6.3
180	250	4.5	7	10	14	20	29	46	72	115	185	290	0.46	0.72	1.15	1.85	2.9	4.6	7.2
250	315	6	8	12	16	23	32	52	81	130	210	320	0.52	0.81	1.3	2.1	3.2	5.2	8.1
315	400	7	9	13	18	25	36	57	89	140	230	360	0.57	0.89	1.4	2.3	3.6	5.7	8.9
400	500	8	10	15	20	27	40	63	97	155	250	400	0.63	0.97	1.55	2.5	4	6.3	9.7

（2）基本偏差。基本偏差是 GB/T 1800.1—2009 中确定公差带相对零线位置的上极限偏差或下极限偏差，一般是指孔和轴的公差带中靠近零线的那个偏差。当公差带位于零线上方时，基本偏差为下极限偏差；反之则是上极限偏差，如图 2-36 所示。基本偏差代号中，孔用大写字母 A、B、…、ZB、ZC 表示，而轴则用小写字母 a、b、…、zb、zc 表示。

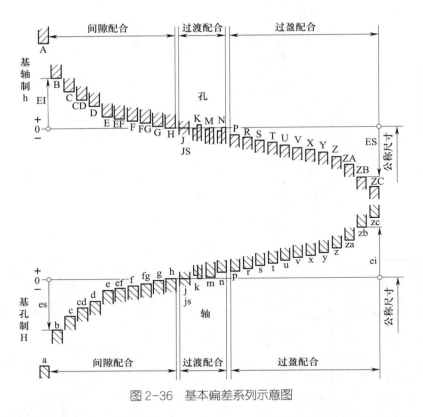

图 2-36 基本偏差系列示意图

从图 2-36 可以看出，A～H（a～h）用于间隙配合，J～N（j～n）用于过渡配合，P～ZC（p～zc）用于过盈配合。孔的基本偏差 A～H 为下极限偏差，J～ZC 为上极限偏差；轴的基本偏差 a～h 为上极限偏差，j～zc 为下极限偏差。

根据尺寸公差的定义，基本偏差和标准公差可按照如下公式计算：

$$ES=EI+IT \text{ 或 } EI=ES-IT$$

$$es=ei+IT \text{ 或 } ei=es-IT$$

轴和孔的公差带由基本偏差代号与公差等级数字表示，如图 2-37 所示。

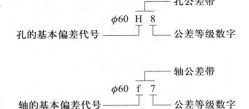

图 2-37 轴和孔的公差带表示

五、零件的尺寸标注

零件尺寸标注要合理，既要符合设计要求，保证机器的使用性能，又要满足加工工艺要求，便于零件的加工、测量和检验。要使尺寸标注更加合理，需要从以下几个方面去考虑。

1. 主要尺寸直接注出

主要尺寸是指直接影响零件在机器或部件中的工作性能和准确位置的尺寸，如零件间的配合尺寸和重要的安装、定位尺寸等。

如图 2-38b 所示，该零件的整体高度 H_3 和底板安装孔的间距尺寸 L_2 必须直接标注，而不应如图 2-38a 所示，主要的高度尺寸需通过 H_1 和 H_2 间接计算得出（会造成尺寸误差的累积），且未标记底板安装孔间距尺寸。

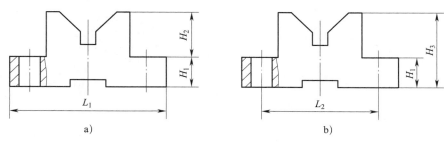

a)　　　　　　　　　　　b)

图 2-38　主要尺寸的标注
a）错误标注　b）正确标注

2. 合理选择基准

尺寸基准的选择，一般选取零件上的一些平面和直线。面基准的选取则通常以零件上较大的加工面、与其他零件的结合面、零件的对称平面、重要端面和轴肩等为准。

如图 2-39 所示，对于带有基座类的零件，选取该零件底座面为高度方向主要基准面，可标注出尺寸 8 mm 和 26 mm，而根据高度方向辅助基准则能标注出 6 mm；长度方向尺寸基准以轴线为主，可标注出尺寸 45 mm 和 60 mm 等；以零件一端面作为宽度方向尺寸基准，标注出尺寸 12 mm 和 26 mm。

图 2-40 所示的回转体类零件，基准选择时往往分为轴向和径向基准。以轴线作为径向尺寸的设计基准，由此可以标注出尺寸 $\phi10$ mm、$\phi18$ mm 和 $\phi50$ mm 以及通孔的定位尺寸 $\phi36$ mm；以该零件右侧端面作为轴向尺寸的设计基准，可以标注出尺寸 9 mm 和 26 mm。

3. 避免出现封闭尺寸链

零件同一方向上的尺寸可以首尾相接，列成尺寸链的形式，如图 2-41a 所示，不得如图 2-41b 所示，长度方向上标注出的尺寸 $L_1 \sim L_4$ 首尾相连，形成了一个封闭的尺寸链，需避免出现这种情形。这是由于零件在加工过程中会产生误差，$L_1 \sim L_3$ 误差累积达到尺寸 L_4，可能会使 L_4 达不到设计要求。

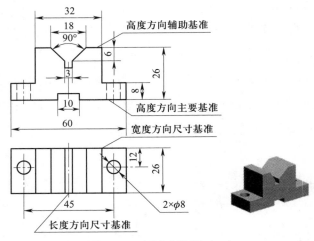

图 2-39 基准的选择（一）

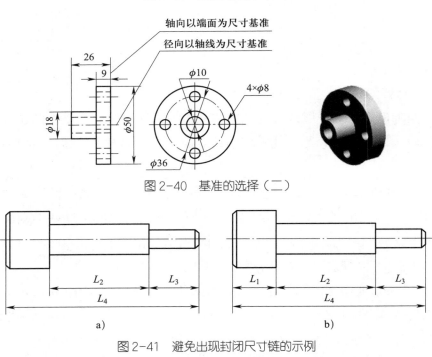

图 2-40 基准的选择（二）

图 2-41 避免出现封闭尺寸链的示例

a）正确 b）不正确

4. 标注尺寸要便于加工和测量

（1）考虑符合加工顺序的要求。如图 2-42a 所示的轴，在尺寸标注时宜符合加工工序。如图 2-42b 所示轴在车床加工过程中，加工工序①~②标注出车床车刀加工的尺寸长度，并加工出符合要求的轴的直径；加工工序③~④时，将轴掉头装夹，并车削轴的长度、轴的直径、倒角。

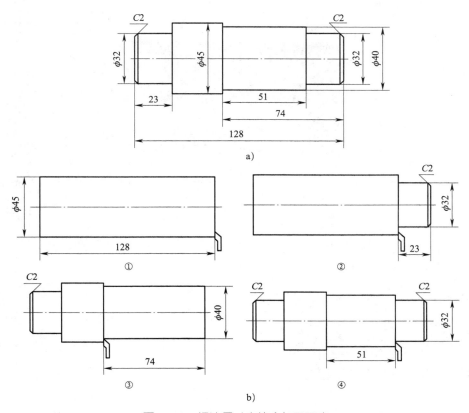

图 2-42 标注尺寸宜符合加工工序

a）加工完成后尺寸标注 b）加工工序尺寸标注

（2）考虑测量、检验方便的要求。图 2-43 所示是常见的断面形式，显然图 2-43a 相比于图 2-43b 标注的尺寸更易于测量和检验。

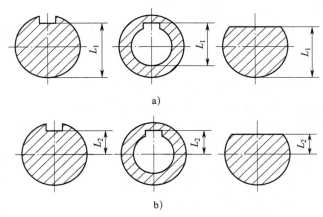

图 2-43 标注尺寸要考虑便于测量、检验

a）合理标注 b）不合理标注

培训项目 **3**

装配图基本知识

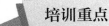
培训重点

熟悉装配图的内容

熟悉装配图的尺寸标注方法

了解常见装配结构和防松装置

熟悉根据零件图画装配图的方法

一、装配图的内容

如图 2-44 所示，球阀由阀体、阀盖、阀芯、阀杆、扳手等主要零件构成，各零件间加装有填料、填料垫、密封圈，并通过标准件螺柱和螺母加以紧固。

1. 一组视图

装配图中以一组视图来清晰表达球阀的工作原理和内部各零件相互装配关系。图 2-44 左上方为主视图，采用全剖视反映了球阀工作原理和内部结构装配关系；左下方为俯视图，沿 B—B 方向画出局部剖视图，清晰表达了阀体与扳手间连接关系；右上方为左视图，该视图是在拆除扳手情况下，沿 A—A 的位置采用半剖视图表达阀体、阀杆、阀芯间的连接关系。

2. 必要尺寸

图 2-44 标注了球阀的总高度为 121.5 mm，左侧阀盖的外形尺寸为 75 mm 等；零件间的配合尺寸，如阀杆与填料压紧套的配合尺寸为 $\phi 14H11/c11$，阀盖与阀体间配合尺寸为 $\phi 50H11/h11$；零部件安装尺寸，如阀盖上螺母的定位尺寸为 49 mm。

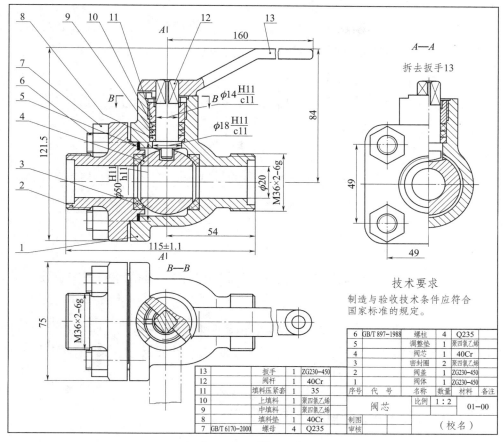

图 2-44　球阀装配图

3. 技术要求

采用文字或符号说明机器或零部件在加工、装配、检验等环节所必须符合的技术要求，如图 2-44 所示，球阀装配图中技术要求：该球阀"制造与验收技术条件应符合国家标准的规定"。

4. 序号、明细栏和标题栏

装配图中出现的每一种零部件均需编号，并在明细栏中反映出来。从图 2-44 可见，该球阀一共由 13 种不同的零件组成，在主视图中对这 13 种零件依次进行编号，明细栏中对各零件的名称、零件数量、所用材料、代号等进行了详细标注。

二、装配图的尺寸标注

零件制造直接依据零件图中的全部尺寸，因此在装配图中不需要标注出该零件的全部尺寸，只需标注出必要的尺寸即可。

1. 装配尺寸

装配尺寸是指零件涉及配合的尺寸、零件间的相对位置尺寸以及装配时的有关尺寸等，如图 2-44 中阀杆与填料压紧套的配合尺寸 $\phi14H11/c11$ 等。

2. 安装尺寸

安装尺寸是部件安装时所依据的尺寸，如图 2-44 中标注的 M36×2-6g、84、54 等尺寸。

3. 外形尺寸

外形尺寸是表示机器或部件外形轮廓的尺寸，如图 2-44 中球阀的总体尺寸 115±1.1、75、121.5。外形尺寸能为包装、运输及安装过程提供空间上长、宽、高的数据。

4. 其他重要尺寸

同样是在设计阶段中确定的，但不属于以上 3 种分类情况的一些重要尺寸也常标注在装配图中。

装配图中标注时所涉及的这几类尺寸相互间并不是孤立的，而是相互对应的，例如图 2-44 球阀装配图中尺寸 115±1.1，既是它的外形尺寸，又可看作是与安装有关的尺寸。

三、装配图中零部件序号和明细栏

装配图中所有零件的标注需遵循一定的标注方法，如 GB/T 4458.2—2003《机械制图　装配图中零、部件序号及其编排方法》中规定，装配图中每种零件一般只标注一次，明细栏中零件序号与装配图中标注的序号需一致。

1. 编写序号的要求

（1）在零件的可见轮廓线内画一实心圆点，并从圆点引出一条细实线，如图 2-45a 所示；若被标注的是很薄的零件或涂黑的断面层，细实线的一段可采用箭头标注，如图 2-45b 所示。

（2）指引线不能相交；当它通过有剖面线的区域时，不应与剖面线平行；必要时，指引线可以画成折线，但只允许曲折一次，如图 2-45c 所示。

（3）一组紧固件及装配关系清楚的零件组，可采用公共指引线，如图 2-45d 所示。

（4）零部件序号应沿着水平方向或竖直方向，并以顺时针（或逆时针）依次整齐排列，且相邻序号间的间距尽可能保持一致。

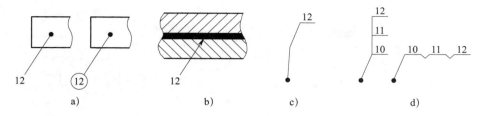

图 2-45　零件序号的编写形式

a）一般标注方式　b）箭头标注　c）指引线为折线　d）公共指引线

（5）若装配图中含有标准件，如图 2-44 所示，可将标准件与非标准零件一并编写序号，并将具体的标准件规格和数量在明细栏注明。

2. 明细栏

明细栏详细注明了机器或部件中所含零件的全部种类、规格、数量等信息。明细栏中零部件的序号按自下而上的顺序填写。

四、常见装配结构和防松装置

在设计和绘制装配图的过程中，为确保机器和部件达到设计阶段所期望的性能，需要考虑到装配结构的合理性。下面将对常见的装配结构和防松装置做简单介绍。

1. 常见装配结构

（1）当轴、孔进行配合时，并且轴肩需与孔的一侧端面相互接触，应将孔的接触端面制成倒角或在轴肩根部制成切槽，以保证两个零件相互间接触良好。具体的轴肩与孔端面接触的正确与错误的对比形式如图 2-46 所示。

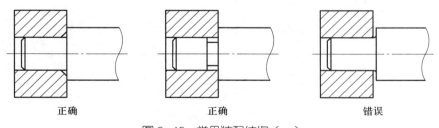

正确　　　　　　　正确　　　　　　　错误

图 2-46　常见装配结构（一）

（2）当两零件接触时，在同一方向上只能同时有一个接触面，这样既能满足装配要求，又能简化零件的制造，其正确与错误对比如图 2-47 所示。

（3）为确保零件拆装前后不降低装配精度，常采用圆柱销或圆锥销进行定位，如图 2-48 所示。

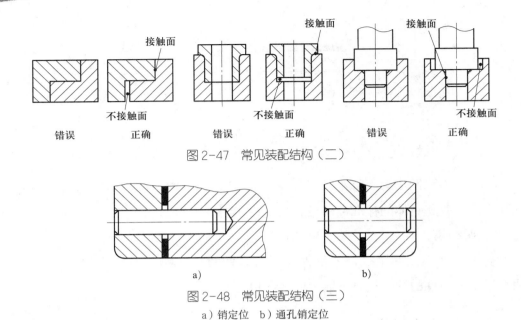

图2-47 常见装配结构（二）

图2-48 常见装配结构（三）
a）销定位 b）通孔销定位

2. 常见防松装置

工作中的机器或零部件都会受到一定程度的振动或冲击，往往会导致机器本身上的一些紧固件产生松动，为此需采取防松结构。常见的防松结构主要有双螺母防松、弹簧垫圈防松、止退垫圈防松、开口销防松，具体结构如图2-49所示。

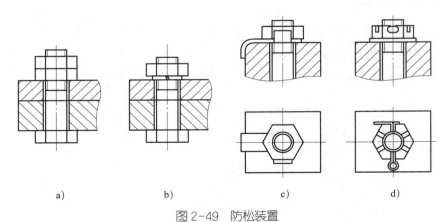

图2-49 防松装置
a）双螺母防松 b）弹簧垫圈防松 c）止退垫圈防松 d）开口销防松

五、根据零件图画装配图

机器或部件都是由若干零件装配而成的，因此根据零件图清晰了解各零件的结构形状后，结合机器或部件的实际用途、工作原理等，便可由零件图画出装配图。以图 2-44 球阀装配图为例，根据构成球阀的主要零件图，如阀芯、阀体、阀盖、阀杆等，再加上其他零件，如密封圈、填料压紧套等零件图（见图 2-50、图 2-51），便可由零件图的相关资料画出装配图。

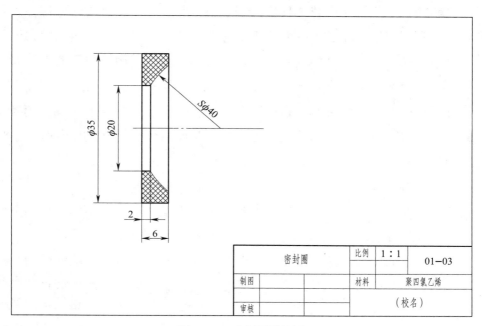

图 2-50　密封圈零件图

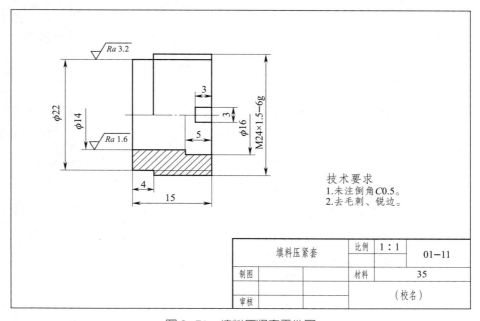

图 2-51　填料压紧套零件图

下面仍然以球阀为例简单介绍由零件图画出装配图的步骤。

1. 了解零部件的装配关系和工作原理

对部件实物的观察、拆装零件，并结合各零件图可明确球阀的装配关系：阀体 1 凹缘和阀盖 2 凸缘相配合，且垫有调整垫，此外阀体和阀盖通过螺柱和螺母进行连接，通过调整垫和螺柱、螺母以调整阀芯 4 和密封圈 3 之间的松紧程度。阀体上部装有阀杆，通过加填料垫、中填料、上填料，并用填料压紧套旋紧，确保阀体、阀杆的密封性。

通过旋转扳手来控制阀体管道的开关，当扳手处于图 2-44 装配图中俯视图的位置时，阀门全部开启，球阀管道畅通；当扳手顺时针旋转到底，则阀门全部关闭，球阀管道截流。

2. 确定表达方案

画装配图与零件图一样，需要先确定好表达方案，通过视图的选择能更好地反映机器的装配关系、工作原理。选择好主视图之后再选择其他视图。

（1）装配图的主视图选择。对于球阀有不同的工作位置，一般将阀门全部开启的状态放在主视图位置，并配合适当的剖视图，就能较为清晰地表达出各零件的相互关系。图 2-44 球阀的主视图就采用了全剖视。

（2）其他视图的选择。选定好主视图后，据此选取其他视图来将球阀的其他装配关系、外形和局部结构表示出来。图 2-44 左视图沿 A—A 采用半剖视图，清晰反映球阀内外部结构，俯视图则是沿 B—B 进行局部剖，反映扳手与阀杆定位凸块间的关系。

3. 画装配图

了解完装配关系、工作原理，确定好表达方案后，就可以根据部件的大小和复杂程度，选取视图表达的比例，选定适当的视图位置，开始着手画图。画图前需要将零部件编写序号、明细栏、技术要求和标注的相关尺寸位置预留好。

如图 2-52 所示，画图时应先确定好各视图主要轴线、对称中心线和作图基线。一般先从主视图开始画起，再画其他几个视图。画剖视图时，以装配干线为准，按由内向外或由外向内的顺序依次画出。绘制完球阀装配图后，进行校核，画剖面线，标注尺寸。最后编写零部件序号，填写好明细栏，再进行校核，完成球阀装配图。

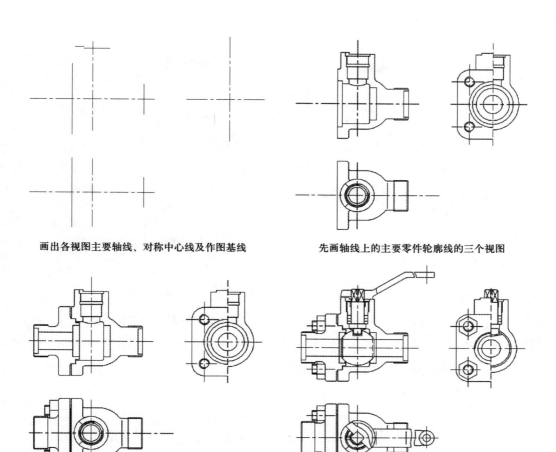

画出各视图主要轴线、对称中心线及作图基线　　　　先画轴线上的主要零件轮廓线的三个视图

根据阀盖、阀体相对位置，画出阀盖的三视图　　　　依次沿水平、竖直轴线画出各个零件

图 2-52　画装配图底稿的步骤

理论知识复习题

一、判断题（将判断结果填入括号中，正确的填"√"，错误的填"×"）

1. 在零件图中只需清晰表达零件的外部结构即可。 （　　）

2. 采用粗车、粗铣、粗刨、粗砂轮加工时，零件表面有明显可见刀痕。
　　　　　　　　　　　　　　　　　　　　　　　　　　　　（　　）

3. 零件尺寸标注要合理，既要符合设计要求，又要满足加工工艺要求。
　　　　　　　　　　　　　　　　　　　　　　　　　　　　（　　）

4. 在电梯土建技术要求中，机房和井道都必须有良好的通风。 （　　）

5. 自动扶梯土建工程图和自动人行道土建工程图不同，所以自动扶梯土建工程图的识读方法不适用于自动人行道土建工程图的识读。 （　　）

二、单项选择题（选择一个正确的答案，将相应的字母填入题内的括号中）

1. 零件图的三视图是指主视图、左视图和（　　）。

A. 剖视图　　　　　　　　　　B. 俯视图

C. 断面图　　　　　　　　　　D. 局部放大图

2. 零件图标题栏应包含设计人、（　　）的签字和日期等。

A. 零件加工操作工　　　　　　B. 车间主任

C. 审核人　　　　　　　　　　D. 加工单位负责人

3. （　　）表面外观情况所代表的粗糙度 Ra 值最小。

A. 微见加工痕迹　　　　　　　B. 可见加工痕迹

C. 微见刀痕　　　　　　　　　D. 可见刀痕

4. 回转体零件径向通常选择（　　）作为基准。

A. 回转轴线　　　B. 端面　　　　C. 高度　　　　D. 长度

5. （　　）尺寸是装配图中的必要尺寸。

A. 零件配合　　　　　　　　　B. 所有设计

C. 非安装　　　　　　　　　　D. 所有零件

6. 井道立面图又称为（　　）。

A. 井道纵剖面图　　　　　　　B. 井道剖面图

C. 井道横剖面图　　　　　　　D. 井道断面图

7. 电梯土建工程图中默认的长度单位为（   ）。

A. m   B. cm   C. mm   D. μm

8. 自动扶梯所占宽度可以在平面图标出，也可以在（   ）标出。

A. 立面图   B. 正面图

C. 底坑处理图   D. 剖面图

9. 土建工程图中井道尺寸为 2000×2400，2000 表示井道（   ）。

A. 净深   B. 净宽   C. 净高   D. 净长

10. 孔与轴公差带相互交叠属于（   ）配合。

A. 间隙   B. 过盈   C. 过渡   D. 交叉

理论知识复习题参考答案

一、判断题

1. ×   2. √   3. √   4. √   5. ×

二、单项选择题

1. B   2. C   3. A   4. A   5. A   6. A   7. C   8. B   9. B   10. C

职业模块 ③

电梯结构与原理

培训项目 **1**

曦引电梯结构与工作原理

培训重点

熟悉曦引电梯的结构组成、空间分布、性能参数和型号

熟悉曦引电梯的工作原理

掌握曦引电梯的主要部件结构

广义上的电梯主要分为三大类,见表 3-1。

表 3-1 广义的电梯分类

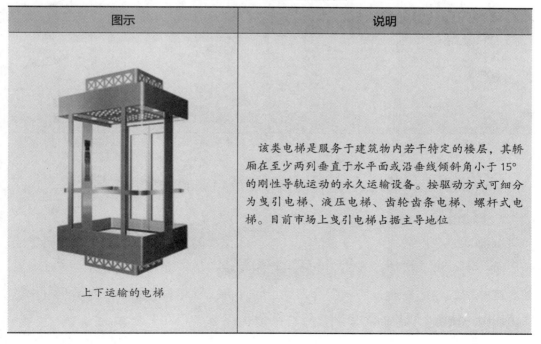

图示	说明
上下运输的电梯	该类电梯是服务于建筑物内若干特定的楼层,其轿厢在至少两列垂直于水平面或沿垂线倾斜角小于 15° 的刚性导轨运动的永久运输设备。按驱动方式可细分为曦引电梯、液压电梯、齿轮齿条电梯、螺杆式电梯。目前市场上曦引电梯占据主导地位

续表

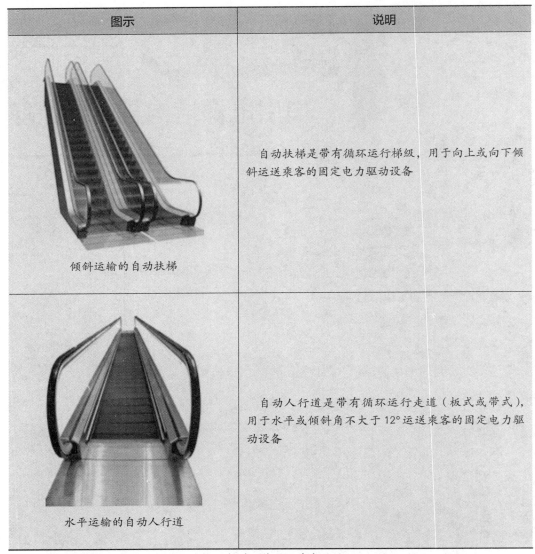

图示	说明
倾斜运输的自动扶梯	自动扶梯是带有循环运行梯级，用于向上或向下倾斜运送乘客的固定电力驱动设备
水平运输的自动人行道	自动人行道是带有循环运行走道（板式或带式），用于水平或倾斜角不大于12°运送乘客的固定电力驱动设备

注：自动扶梯与自动人行道从结构形式到工作原理基本一致。

一、曳引电梯的结构组成、空间分布、性能参数和型号

1. 结构组成

电梯是一个机械与电气设备的有机结合体，如同人的身体一样，有提供动力的心脏——主机、指挥行动的大脑——控制系统、执行动作的四肢——运动系统等。这些系统和部件通过协调配合来保证轿厢的正常运行。图 3-1 所示是电梯整体结构图，从图中可以看到电梯各部分装置与结构。

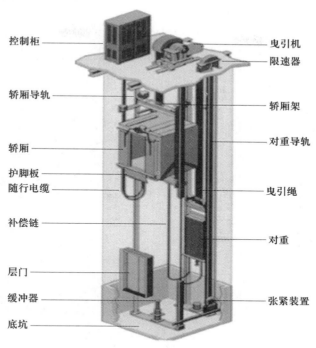

控制柜 ——
轿厢导轨 ——
轿厢 ——
护脚板 ——
随行电缆 ——
补偿链 ——
层门 ——
缓冲器 ——
底坑 ——

—— 曳引机
—— 限速器
—— 轿厢架
—— 对重导轨
—— 曳引绳
—— 对重
—— 张紧装置

图 3-1　电梯整体结构

2. 空间分布

不同规格型号的电梯，其功能和技术要求不同，配置与组成也不同，本教材以比较典型的曳引电梯为例做介绍。电梯是一种复杂的机电产品，从空间位置看，电梯由四部分组成：依附建筑物的机房、井道及底坑、运载乘客或货物的空间——轿厢、乘客或货物出入轿厢的地点——层站。曳引电梯的空间构成及其主要部件如图 3-2 所示。

（1）电梯机房。电梯机房位于电梯井道的最上方或最下方，用于装设曳引机、控制柜、限速器、总电源配电箱等。

（2）电梯井道及底坑。电梯井道是为轿厢和对重装置运行而设置的空间。该空间是以井道底坑的底、井道壁和顶为界限的。电梯井道及底坑部分主要包括导轨、缓冲器、限速器张紧装置、终端保护开关、平层装置、对重等。

（3）电梯轿厢。轿厢是运载乘客或其他载荷的部件。轿厢部分包括轿厢、安全钳、门机装置、操纵箱等。

（4）电梯层站。层站是电梯在各楼层的停靠站，是乘客出入电梯的地方。其中上（下）端站是最高（最低）的层站。层站部分包括层门、呼梯盒、楼层指示装置等。

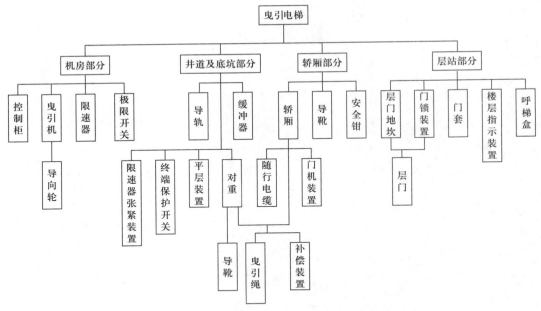

图 3-2　曳引电梯的组成（从占用四个空间划分）

3. 性能参数

曳引电梯的主要参数包括额定载重量、额定速度、控制方式、轿厢尺寸、开门方式等。

（1）额定载重量。指设计规定的电梯载重量，单位 kg。

（2）额定速度。指设计所规定的电梯运行速度，单位 m/s。

（3）控制方式。指对电梯的运行实行操作的方式，即按钮控制、信号控制等。

（4）轿厢尺寸。即轿厢内部尺寸，用宽 × 深 × 高表示，宽、深、高单位均为 mm。

（5）开门方式。指电梯门的结构形式，可分为中分、旁开。

（6）提升高度。指由底层端站楼面至顶层端站楼面之间的垂直距离，单位 mm。

（7）开门宽度。指轿门和层门完全开启时的净宽度，单位 mm。

（8）停层站数。指凡在建筑物内各层楼用于出入轿厢的地点均称为站，其数量为停层站数。

（9）顶层高度。指由顶层端站楼面至机房楼板或隔音层楼板下最突出构件之间的垂直距离，单位 mm。电梯的运行速度越快，顶层高度一般越高。

（10）底坑深度。指由底层端站楼面至井道底面之间的垂直距离，单位 mm。电梯的运行速度越快，底坑一般越深。

（11）井道高度。指由井道底面至机房楼板或隔音层楼板下最突出构件之间的垂直距离，单位 mm。

4. 型号编制

（1）编制方法。JJ 45—1986《电梯、液压梯产品型号编制方法》对电梯型号的编制方法做了如下规定。

电梯、液压梯产品的型号由类、组、型，主参数和控制方式等三部分代号组成。第二、三部分之间用短线分开，如图 3-3 所示。

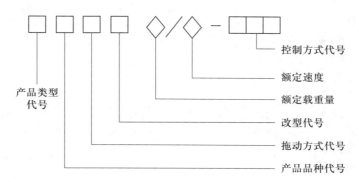

图 3-3 电梯型号编制方法

第一部分是类、组、型和改型代号，类、组、型代号用具有代表意义的大写汉语拼音字母表示。改型代号按顺序用小写汉语拼音字母表示，置于类、组、型代号的右下方，如无可以省略不写。

第二部分是主参数代号，其左侧为电梯的额定载重量，右侧为额定速度，中间用斜线分开，均用阿拉伯数字表示。

第三部分是控制方式代号，用具有代表意义的大写汉语拼音字母表示。

（2）代号说明。类型代号见表 3-2，品种代号见表 3-3，拖动方式代号见表 3-4，主参数代号见表 3-5，控制方式代号见表 3-6。

表 3-2 产品类型代号

产品类型	代表汉字	拼音	采用代号
电梯	梯	TI	T
液压梯			

表 3-3 产品品种代号

产品品种	代表汉字	拼音	采用代号
乘客电梯	客	KE	K
载货电梯	货	HUO	H
客货（两用）电梯	两	LIANG	L
病床电梯	病	BING	B
住宅电梯	住	ZHU	Z
杂物电梯	物	WU	W
船用电梯	船	CHUAN	C
观光电梯	观	GUAN	G
汽车用电梯	汽	QI	Q

表 3-4 拖动方式代号

拖动方式	代表汉字	拼音	采用代号
交流	交	JIAO	J
直流	直	ZHI	Z
液压	液	YE	Y

表 3-5 主参数代号

额定载重量（kg）	表示	额定速度（m/s）	表示
400	400	0.63	0.63
630	630	1.0	1.0
800	800	1.6	1.6
1 000	1 000	2.5	2.5

表 3-6 控制方式代号

控制方式	代表汉字	采用代号
手柄开关控制、自动门	手、自	SZ
手柄开关控制、手动门	手、手	SS
按钮控制、自动门	按、自	AZ

续表

控制方式	代表汉字	采用代号
按钮控制、手动门	按、手	AS
信号控制	信号	XH
集选控制	集选	JX
并联控制	并联	BL
梯群控制	群控	QK

注：控制方式采用微处理机时，以大写汉语拼音字母 W 表示，排在其他代号的后面。

（3）电梯产品型号示例

TKJ1000/2.5-JX：交流乘客电梯，额定载重量 1 000 kg，额定速度 2.5 m/s，集选控制。

TKZ1000/1.6-JX：直流乘客电梯，额定载重量 1 000 kg，额定速度 1.6 m/s，集选控制。

TKJ1000/1.6-JXW：交流乘客电梯，额定载重量 1 000 kg，额定速度 1.6 m/s，微机集选控制。

THY1000/0.63-AZ：液压货梯，额定载重量 1 000 kg，额定速度 0.63 m/s，按钮控制、自动门。

二、曳引电梯工作原理

如图 3-4 所示，电梯曳引绳悬挂在曳引轮绳槽中，一端与轿厢连接，另一端与对重连接。轿厢与对重装置的重力使曳引绳压紧在曳引轮槽内产生摩擦力，这种力就叫曳引力或驱动力。

电梯运行时，曳引机转动带动曳引轮转动，通过曳引力驱动曳引绳拖动轿厢和对重作相对运动，即轿厢上升，对重下降；对重上升，轿厢下降。于是，轿厢在井道中沿导轨上、下往复运行，电梯执行垂直运送任务。

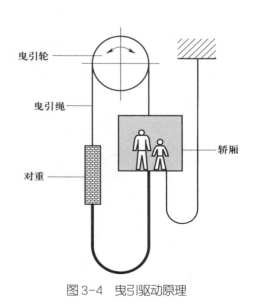

图 3-4 曳引驱动原理

三、曳引电梯主要部件结构

根据电梯运行过程中各组成部分所发挥的作用与实际功能，可以将电梯划分为曳引、轿厢、门、导向、重量平衡、安全保护、电力拖动、电气控制八个相对独立的系统（见图3-5），表3-7列明了这八个系统的主要功能和组成。

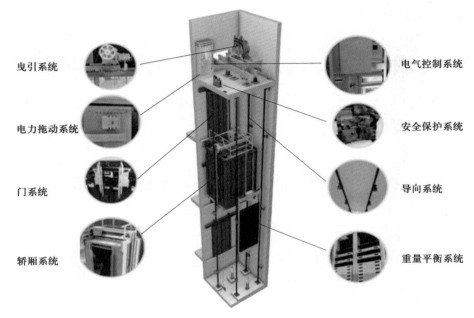

图3-5　电梯八大系统

表3-7　电梯八个系统的功能、主要构件与装置

系统类别	功能	主要构件与装置
曳引系统	输出与传递动力，驱动电梯运行	曳引机、曳引绳、导向轮、反绳轮等
轿厢系统	用以装运并保护乘客或货物的组件，是电梯的工作部分	轿架和轿厢体
门系统	供乘客或货物进出轿厢时用，运行时必须关闭，保护乘客和货物的安全	轿门、层门、开关门系统及门附属零部件
导向系统	限制轿厢和对重的活动自由度，使轿厢和对重只能沿着导轨作上、下运动，承受安全钳工作时的制动力	轿厢（对重）导轨、导靴及其导轨架等
重量平衡系统	相对平衡轿厢的重量，减少驱动功率，保证曳引力的产生，补偿电梯曳引绳和电缆长度变化带来的重量转移	对重和重量补偿装置

续表

系统类别	功能	主要构件与装置
安全保护系统	保证电梯安全使用，防止危及人身和设备安全的事故发生	机械保护系统：限速器、安全钳、缓冲器、端站保护装置等 电气保护系统：超速保护装置、供电系统断相错相保护装置、超越上下极限工作位置的保护装置、层门锁与轿门电气联锁装置等
电力拖动系统	提供动力，对电梯运行速度实行控制	曳引电动机、供电系统、速度反馈装置、电动机调速装置等
电气控制系统	对电梯的运行实行操纵和控制	操纵箱、呼梯盒、楼层指示装置、控制柜、平层装置、限位装置等

1. 曳引系统

现代电梯广泛采用曳引驱动方式。曳引机作为驱动机构是电梯的动力来源。曳引机的功能是输送动力使电梯运行，由电动机、制动器、减速器、联轴器、曳引轮及编码器等组成。曳引绳挂在曳引机的曳引轮上，一端悬吊轿厢，另一端悬吊对重装置。曳引机转动时，由曳引绳与曳引轮之间的摩擦力产生曳引力来驱使轿厢上下运动。曳引机按驱动电动机的类型可分为直流电动机拖动和交流电动机拖动两类，按有、无减速器可分为有齿轮和无齿轮两类。

（1）有齿轮曳引机（见图 3-6）。一般用于运行速度不大于 2 m/s 的低速、快速交流电梯，为了减小曳引机运行时的噪声和提高平稳度，一般采用蜗杆副作为减速传动装置。

图 3-6　有齿轮曳引机

（2）无齿轮曳引机（见图3-7）。无齿轮曳引机没有减速器，曳引轮与电动机直接相连，中间位置安装制动器，一般用于运行速度大于2 m/s的高速直流电梯。现在拖动技术中广泛采用了VVVF（变压变频调速）技术，无齿轮交流同步曳引机在低速、快速电梯中也得到了大量应用。

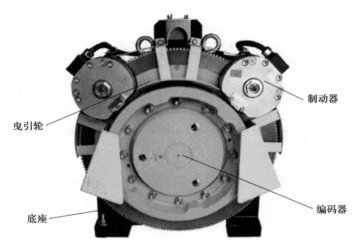

图3-7　无齿轮曳引机

2. 轿厢系统

轿厢是用来运送乘客或货物的电梯组件。轿厢由轿架和轿厢体两大部分组成，其基本结构如图3-8所示。

（1）轿架。轿架（见图3-9）是固定和悬吊轿厢的框架，也是承受电梯轿厢重量的构件。轿厢的负载由轿架传递到曳引绳，当安全钳动作或蹲底时，还要承受由此产生的反作用力，因此轿架需要有足够的强度。

轿架是一个框形金属架，由上梁、底梁、立柱和拉杆（拉条）组成。底梁直接承受轿厢的重量，底梁结构有梁式结构和框式结构。拉杆是为了增强轿架的刚度，防止由于轿厢内载荷偏心造成轿厢倾斜。轿架的材质选用槽钢或按要求压成的钢板，上梁、底梁、立柱之间一般采用螺栓连接。在上梁、底梁、立柱的四角有供安装轿厢导靴和安全钳的平板，在上梁中部下方有供安装轿顶轮或绳头组合装置的安装板，在立柱上留有安装轿厢开关板的支架。

（2）轿厢体。轿厢体（见图3-10）是形成轿厢空间的封闭围壁，除必要的出入口和通风孔外不得有其他开口，轿厢体由不易燃和不产生有害气体的材料制成。轿厢体主要由轿顶、轿底及轿壁组成。

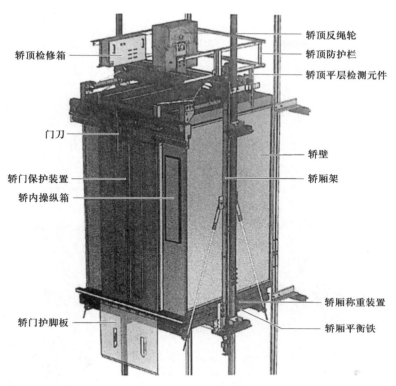

轿顶检修箱
轿顶反绳轮
轿顶防护栏
轿顶平层检测元件

门刀
轿壁
轿厢架

轿门保护装置
轿内操纵箱

轿厢称重装置

轿门护脚板
轿厢平衡铁

图 3-8　轿厢系统的结构

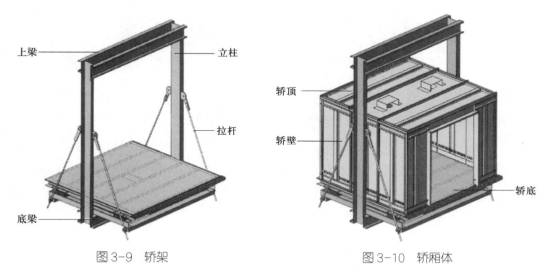

上梁
立柱

拉杆

底梁

图 3-9　轿架

轿顶

轿壁

轿底

图 3-10　轿厢体

3. 门系统

电梯门系统主要包括层门（厅门）、轿门（轿厢门）与开关门机构及其附属部件。电梯门系统的作用是防止乘客和物品坠入井道或与井道相撞，避免乘客或货物未能完全进入轿厢而被运动的轿厢剪切等危险的发生，它是电梯最重要的安全保护设施之一。

（1）层门。层门（见图3-11）又称厅门，是从动门，主要由层门锁、层门自闭装置、门扇等部件组成。层门安装在候梯大厅电梯入口处，是乘客在进入电梯前首先看到或接触到的部分。当轿厢离开层站时，层门必须保证可靠锁闭，防止人员或其他物品坠入井道。层门是电梯很重要的一个安全设施，据不完全统计，电梯发生的人身伤亡事故约有70%是由于层门的故障或使用不当等引起的，层门的开启与有效锁闭是保障电梯使用者安全的首要条件。

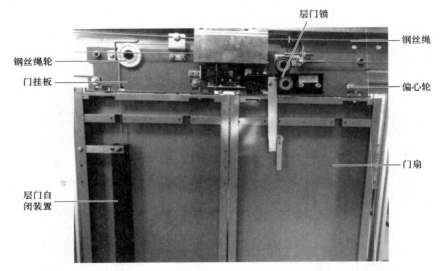

图3-11　层门

（2）轿门。轿门（见图3-12）又称轿厢门，是主动门，主要由门机装置、门扇、安全装置、门刀以及轿门地坎等部件组成。轿门设置安装在轿厢入口处，由轿顶的开关门机构驱动而开闭，同时带动层门开闭。轿门是随同轿厢一起运行的门，乘客在轿厢内部只能见到轿门。简易电梯用手工操作开闭的轿门称为手动门，目前一般电梯都装有自动开关门机构，称为自动门。

4. 导向系统

在电梯运行过程中，导向系统（见图3-13）限制轿厢和对重的活动自由度，使轿厢和对重只沿着各自的导轨做升降运动，不发生横向的摆动和振动，保证轿厢和对重运行平稳不偏摆。电梯的导向系统包括轿厢导向系统和对重导向系统两个部分（见图3-14、图3-15）。

不论是轿厢导向系统还是对重导向系统，均由导轨、导靴和导轨支架组成（见图3-16）。

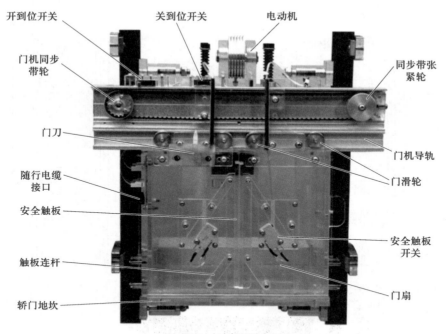

图 3-12　轿门

图 3-13　电梯导向系统

（1）导轨。导轨是轿厢和对重在竖直方向运动时的导向，限制轿厢和对重的活动自由度（轿厢导向系统和对重导向系统使用各自的导轨，通常轿厢用导轨要稍大于对重用导轨）。当安全钳动作时，导轨作为固定在井道内被夹持的支承件，承受着轿厢或对重产生的强烈制动力，使轿厢或对重制停可靠。导轨能防止由于轿厢的偏载而产生歪斜，保证轿厢运行平稳并减少振动。常见的导轨类型包括 T 形导轨（见图 3-17）、T 形空心导轨（见图 3-18）、L 形导轨、U 形导轨、O 形导轨等。

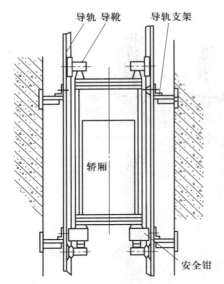

图 3-14 轿厢导向系统

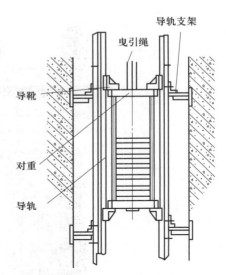

图 3-15 对重导向系统

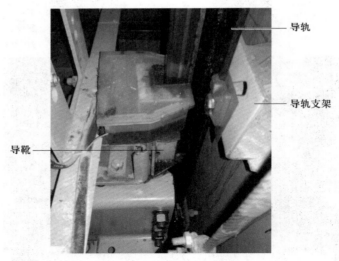

图 3-16 导向系统部件

图 3-17 T形导轨

图 3-18 T形空心导轨

（2）导靴。导靴连接轿厢或对重使其沿着导轨运行。按照安装位置不同，导靴可分为轿厢导靴和对重导靴。轿厢导靴安装在轿厢上梁和轿底的安全钳下面，对重导靴安装在对重架的上部和底部，一般每组 4 个，是保证轿厢和对重沿导轨上下运行的装置。常用的导靴有固定滑动导靴（见图 3-19）、弹性滑动导靴（见图 3-20）和滚动导靴（见图 3-21）。

图 3-19　固定滑动导靴　　图 3-20　弹性滑动导靴　　图 3-21　滚动导靴

（3）导轨支架。导轨支架（见图 3-22）的作用是支承导轨，连接井道壁。导轨支架分轿厢导轨架和对重导轨架两种，分别用来支承轿厢导轨和对重导轨。

5. 重量平衡系统

重量平衡系统可以使对重与轿厢达到相对平衡，在电梯运行中即使载重量不断变化，仍能使两者间的重量差保持在较小限额之内，保证电梯的曳引传动平稳、正常，如图 3-23 所示。重量平衡系统一般由对重和重量补偿装置两部分组成。

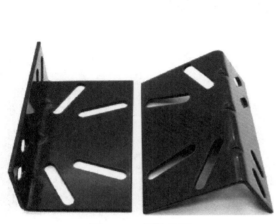

图 3-22　导轨支架

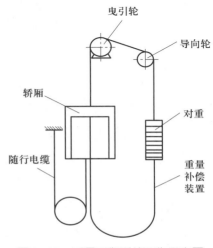

图 3-23　重量平衡系统工作示意图

（1）对重。对重（见图3-24）又称平衡重，一般由对重架、对重块、缓冲器碰块、压块以及与轿厢相连的曳引绳和反绳轮组成。对重相对于轿厢悬挂在曳引绳的另一侧，起到相对平衡轿厢的作用，并使轿厢与对重的重量通过曳引绳作用于曳引轮，保证足够的驱动力。由于轿厢的载重量是变化的，因此不可能做到两侧的重量始终相等并处于完全平衡状态。一般情况下，只有轿厢的载重量达到50%左右的额定载重量时，对重一侧和轿厢一侧才处于完全平衡，这时的载重量称电梯的平衡点，此时由于曳引绳两端的静载荷相等，使电梯处于最佳的工作状态。但是在电梯运行的大多数情况下，曳引绳两端的载荷是不相等且是变化的，因此对重的作用只是使两侧的载荷之差在一个较小的范围内变化。

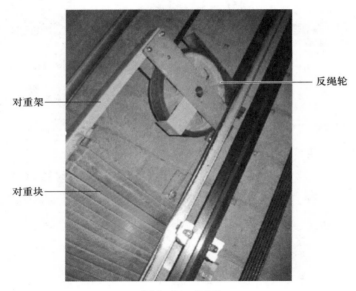

对重架

对重块

反绳轮

图3-24　对重

（2）重量补偿装置。重量补偿装置（见图3-25）是悬挂在轿厢和对重底面的补偿链、补偿绳等。在电梯运行时，其长度的变化正好与曳引绳长度变化趋势相反，当轿厢位于最高层时，曳引绳大部分位于对重侧，而补偿链（绳）大部分位于轿厢侧；当轿厢位于最低层时，情况与上述正好相反，这样轿厢一侧和对重一侧就有了补偿的平衡作用。例如，60 m高建筑物内使用的电梯，使用6根ϕ13 mm的曳引绳，其中不可忽视的是绳的总重约360 kg，随着轿厢和对重位置的变化，这个重量将不断地在曳引轮的两侧变化，其对电梯安全运行的影响是相当大的，安装补偿链（绳）可以平衡此部分曳引绳的重量。

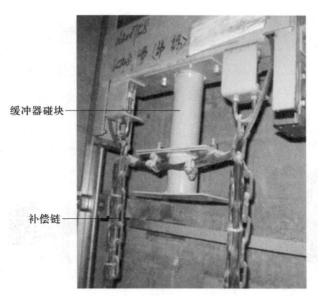

缓冲器碰块

补偿链

图 3-25　重量补偿装置

6. 安全保护系统

为使电梯安全运行，电梯设计制造、安装及日常维保等环节都应充分考虑防止危险发生，并针对各种可能发生的危险设置专门的安全装置。根据电梯制造与安装相关安全规范的规定，电梯必须设置一系列机械和电气安全保护装置，包括高安全系数的曳引绳、限速器、安全钳、缓冲器、多道限位开关、防超载系统及完善严格的开关门系统等。从保护的类型来看，安全保护装置主要分为以下几类。

（1）超速保护装置。电梯由于控制失灵、曳引力不足、制动器失灵、制动力不足、超载拖动以及绳断裂等原因，都会造成轿厢超速和坠落，因此必须有可靠的保护措施。

电梯中防超速和断绳的保护装置主要是限速器–安全钳联动系统。它们之间的联动结构如图 3-26 所示。

钢丝绳把限速器和张紧装置连接起来，绳的两端分别绕过限速器和张紧装置的绳轮形成一个封闭的环路后，固定在轿架上梁安全钳的绳头拉手上，该拉手能提拉起安装在轿厢梁上的安全钳连杆系统，如图 3-27 所示，使轿厢两侧的安全钳楔块同步提起，夹住导轨，使超速下行的轿厢被迫制停。

在电梯运行过程中除了有限速器–安全钳联动系统进行下行超速保护外，还有上行超速保护装置。

上行超速保护装置一般由速度监控装置和减速装置两部分组成。通常采用双向限速器作为速度监控装置检测轿厢速度是否失控。减速装置包括安全钳、夹绳器（见图3-28）和安全制动器，分别作用于轿厢或对重、钢丝绳系统（悬挂绳、补偿绳）和曳引轮。

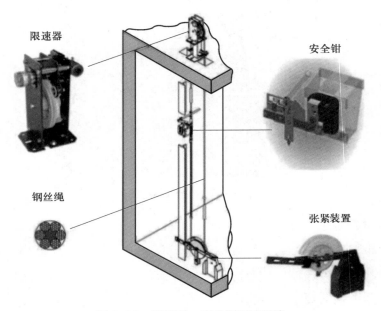

图 3-26　限速器 – 安全钳联动系统

图 3-27　限速器 – 安全钳联动示意

图 3-28　夹绳器

（2）超程保护装置

1）终端限位保护装置（见图 3-29）。该装置的功能就是防止由于电梯电气系统失灵，轿厢到达顶层或底层后仍继续行驶（冲顶或蹲底），造成超限运行事故。此类限位保护装置主要由强迫减速开关、终端限位开关、终端极限开关等三个开关及相应的碰板、碰轮和联动机构组成。上述三个开关分别起到强迫减速、切断控制电路、切断动力电源三级保护的作用。

图 3-29　终端限位保护装置

2）蹲底、冲顶保护装置。电梯的蹲底、冲顶保护装置主要是缓冲器。缓冲器是一种吸收、消耗运动轿厢或对重的能量，使其减速停止，并对其提供最后一道安全保护的电梯安全装置。电梯在运行中，由于安全钳失效、曳引轮槽摩擦力不足、抱闸制动力不足、曳引机出现机械故障、控制系统失灵等原因，轿厢（或对重）超越终端层站底层，并以较高的速度撞向缓冲器，缓冲器吸收和消耗轿厢（或对重）的能量，使其安全、减速平稳地停止在底坑，从而避免电梯轿厢（或对重）直接蹲底或冲顶，保护乘客、货物及电梯设备的安全。缓冲器按照其工作原理不同，可分为蓄能型和耗能型两种。

①蓄能型缓冲器。蓄能型缓冲器主要有弹簧式缓冲器（见图 3-30）和聚氨酯缓冲器（见图 3-31）。

图 3-30　弹簧式缓冲器

图 3-31　聚氨酯缓冲器

弹簧式缓冲器利用弹簧的变形吸收轿厢（对重）的动能，并储存于弹簧内部；当弹簧被压缩到最大变形量后，弹簧会将此能量释放出来，对轿厢（对重）产生反弹，此反弹会反复进行，直至能量耗尽弹力消失，轿厢（对重）才完全静止。

聚氨酯缓冲器具有体积小、重量轻、软碰撞无噪声、防水、防腐、耐油、安装方便、易保养维护、可减少底坑深度等特点，近年来在中低速电梯中得到广泛应用。

②耗能型缓冲器。也被称为油（液）压缓冲器（见图 3-32）。当轿厢（对重）撞击缓冲器时，柱塞向下运动，压缩油缸内的油，使油通过节流孔外溢并升温，在制停轿厢（对重）的过程中，其动能转化为油的热能，使轿厢（对重）以一定的减速度逐渐停下来。当轿厢或对重离开缓冲器时，柱塞在复位弹簧的作用下复位，恢复正常状态。

（3）超、过载保护装置。进入轿厢的乘客（或货物）的重量如果超过电梯的额定载重量，就可能产生不安全后果或发生超载失控，造成电梯超速降落事故。

轿厢超载控制装置（见图 3-33）的作用就是对电梯轿厢的载重量实行自动控制。一般在载重量达到电梯额定载重量的 110% 时，超载装置切断电梯控制电路，使电梯不能启动，实行强制性载重量控制；对于集选控制电梯，当载重量达到电梯额定载重量 80%~90% 时，接通直驶电路，运行中的电梯不应答厅外截停信号。

图 3-32　耗能型缓冲器　　　　　　　图 3-33　轿厢超载控制装置

轿厢意外移动保护装置（见图 3-34）是防止在层门未被锁住且轿门未关闭的情况下轿厢离开层站意外移动的装置。

电梯超、过载保护装置还包括轿厢慢速移动装置、限速器断绳开关等。

电梯使用的电动机容量一般比较大，从几千瓦至十几千瓦，为了防止电动机过载后被烧毁，还需在控制柜中设置热过载保护装置（见图 3-35）。

图 3-34　轿厢意外移动保护装置

图 3-35　热过载保护装置

（4）门安全保护装置。门安全保护装置主要包括门锁电气联锁装置、近门安全保护装置、层轿门旁路装置等。另外，电梯还应具有门回路检测功能。

当电梯的层门与轿门没有关闭时，电梯的电气控制部分不能接通，电梯电动机不能运转，实现此功能的就是门锁电气联锁装置（见图 3-36）。

图 3-36　门锁电气联锁装置

近门安全保护装置是保证门在关闭过程中不会夹伤乘客或货物，关门受阻时，保持门处于开启状态。常用的近门安全保护装置是在层门、轿门设置光电、机械或超声波检测装置，如光幕（见图 3-37）、门安全触板（见图 3-38）等。

层轿门旁路装置是为了方便层轿门触点的维修并避免维修人员使用短接线的装置。图 3-39 所示为一种层轿门旁路装置。

电梯应当具有门回路检测功能。当轿厢在开锁区域内、轿门开启并且层门门锁释放时，监测检查轿门关闭位置的电气安全装置、检查层门门锁锁紧位置的电气安全装置和轿门监控信号的正确动作；如果监测到上述装置故障，能够阻止电梯运行。门回路检测功能也是为防止维修人员维修时不遵守规则使用短接线后忘记取下导致电梯继续运行造成严重后果而要求的一种预防措施。

图 3-37　光幕

图 3-38　门安全触板

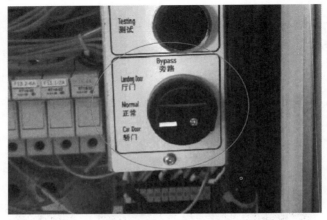

图 3-39　层轿门旁路装置

（5）其他安全保护装置。其他安全保护装置主要包括安全钳误动作开关、轿顶安全窗和轿厢安全门、供电系统断相保护装置、供电系统错相保护装置、相序保护继电器、报警装置、轿厢内与外部联系的警铃和电话等。

除上述安全装置外，还会设置轿顶安全护栏、轿厢护脚板、底坑对重侧防护栏等设施。

7. 电力拖动系统

电力拖动系统由曳引电动机、供电系统、速度反馈装置、电动机调速装置等组成。

（1）曳引电动机。曳引电动机相关知识可参考本书曳引系统部分。

（2）供电系统

1）电梯的配电箱。电梯应从产权单位指定的电源接电，使用专用的电源配电箱（见图 3-40），配电箱应能上锁。配电箱内的开关、熔丝、电气设备的电缆等应与所带负荷相匹配，严禁使用其他材料代替熔丝。

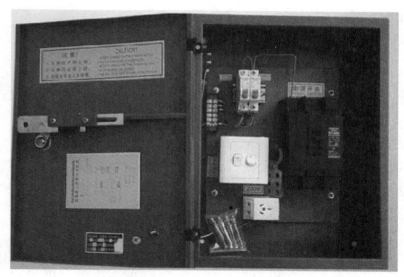

图 3-40　电源配电箱

2）动力电源。电梯的动力电源是指电梯曳引电动机及其控制系统所用的电源，一般都是交流三相电源。交流三相电源线电压为 380 V，其电压波动应在额定电压值 ±7% 的范围内。电源进入机房后通过各熔断器或总电源开关再分接到各台电梯的主电源开关上。

3）照明电源。照明电源包括机房、轿厢、轿顶、井道和滑轮间照明电源。照明电源应与动力电源分开。机房照明可由配电室直接提供。轿厢照明电源可由相应主开关进线侧获得，并应设开关进行控制。轿顶照明可采用直接供电或安全电压供电。井道照明应设置永久性电气照明装置，在机房和底坑设置井道灯控制开关。在井道最高和最低处 0.5 m 内各设一灯。井道作业照明电路应使用 36 V 以下的安全电压。

（3）速度反馈装置。现在生产的电梯大都采用旋转编码器（见图 3-41）来确定轿厢位置，获取电梯运行速度信息。在实际安装时，旋转编码器与电动机转子同轴安装，当电动机主轴旋转时，旋转编码器相应旋转，主轴转动一圈，旋转编码器产生若干个脉冲，这样电动机的旋转速度就和旋转编码器输出脉冲同步，从而可以利用旋转编码器输出的脉冲数相应地计算出电梯曳引机上曳引绳移动的距离，进而计算出电梯轿厢的位移。

（4）电动机调速装置。对于无齿轮电梯一般采用调速电动机直接改变转速，有齿轮电梯则通

图 3-41　旋转编码器

过减速器来实现调速。

电梯的电力拖动系统控制以下两个运动。

——轿厢的升降运动（主驱动）。轿厢的运动由曳引电动机产生动力，经曳引传动系统进行减速、改变运动形式，即将旋转运动改变为直线运动，来实现驱动（见图3-42）。轿厢的升降运动常见的交流拖动方式包括：交流双速、ACVV（交流变压调速）、VVVF、永磁同步电动机拖动。

——层门和轿门的开关门运动（辅助驱动）。由开门电动机产生动力，经开门连杆机构进行减速、改变运动形式，达到开关门的目的（见图3-43）。开关门运动常用的拖动方式包括：直流电动机拖动、VVVF、伺服电动机拖动。

图 3-42　轿厢升降运动

图 3-43　开关门运动

8. 电气控制系统

电梯的电气控制主要是对各种指令信号、位置信号、速度信号和安全信号进行管理，对拖动装置和开门机构发出方向、启动、加速、减速、停车和开门、关门的信号，使电梯正常运行或处于保护状态，并发出各种显示信号。电梯各信号之间的控制关系和电梯的运行过程如图3-44所示。

电梯的电气控制系统由控制装置、操纵装置、平层装置、楼层指示装置、检修装置等部分组成。其中控制装置根据电梯运行逻辑功能的要求来控制电梯的运行，设置在机房的控制柜（见图3-45）中。操纵装置（见图3-46）是轿厢内的按钮箱和层门门口的呼梯盒，用来操纵电梯的运行。平层装置（见图3-47）是发出平层控制信号，使电梯轿厢准确平层的控制装置。所谓平层，是指轿厢在接近某一楼层的停靠站时，使轿厢地坎与层门地坎达到同一平面的操作。楼层指示装置（见图3-48）是用来显示电梯轿厢所在楼层位置的轿内和层门指层灯，层门指层灯还用箭头显示电梯运行方向。

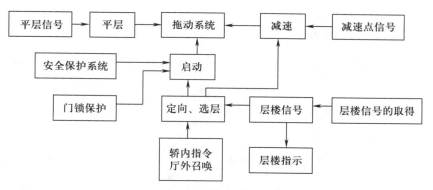

图 3-44　电气信号控制与运行

图 3-45　控制柜

图 3-46　操纵装置

图 3-47　平层装置

图 3-48　楼层指示装置

　　电梯电气控制系统的功能是对电梯的运行过程实行操纵和控制,完成各种电气动作功能,保证电梯的安全运行。电梯电气控制系统主要控制功能如下。

　　(1)全集选功能

　　1)自动定向功能。按先入为主原则,自动确定运行方向。

2）顺向截梯，反向记忆功能。

3）最远反方向截梯功能。

4）自动换向功能。当电梯完成全部顺向指令后，能自动换向，应答相反方向的呼梯信号。

5）自动开关门功能。

6）本层呼梯开门功能。

（2）锁梯功能。一般在基站的呼梯盒上设有锁梯开关，当使用者想关闭电梯时，不论该电梯在哪一层，电梯接到锁梯信号后，就自动返回基站，自动开关门一次，延时后切断显示、内选及外呼，最后切断电源。

（3）司机功能。在轿厢操纵箱内设有司机操作运行与自动运行的转换开关，当电梯司机将该开关转换到司机位置时，电梯转入司机运行状态。在司机运行状态下，电梯自动开门，按关门按钮关门。门没有关到位时不能松开，否则门会自动开启。此时电梯接到外呼信号时，蜂鸣器响，内选指示灯闪烁以提示司机有呼梯请求。

（4）直驶功能。在司机运行状态下，按住操纵盘上的直驶按钮和关门按钮，当门关好后电梯开始运行，此时运行的电梯不会应答外呼指令而是执行内选指令直接到所内选楼层停车。即在司机运行状态下电梯直驶到所选楼层，此运行期间外呼不截车。另外，电梯满载后（超过80%额定负载），电梯不响应外呼，直达指令的目标楼层。

（5）检修功能。检修运行应取消轿厢自动运行和门的自动操作。多个检修运行装置中应保证轿顶优先，检修运行只能在电梯有效行程范围内进行，各安全装置仍起作用。检修运行是点动运行，检修运行速度 ≤ 0.63 m/s。验证轿顶优先功能的办法：轿顶的检修开关打到检修位置时，轿厢和机房的检修开关盒内的各按钮不起作用；只有将轿顶的检修开关打到正常位置时，轿厢和机房的检修开关盒内的各按钮才起作用。

（6）消防功能。具有消防功能的电梯一般在基站装有消防开关。平时消防开关用有机玻璃封闭，不能随意拨动开关。而在火灾时打碎面板，按下消防开关，可将电梯转入消防运行状态。消防运行包括两种状态，即消防返回基站和消防员专用。

1）消防返回基站

①接到火警信号后，消除且不再应答内选、外呼指令。

②正在上行电梯立即就近平层停车。对于梯速 ≥ 1 m/s 的电梯，应先强行减速，后停车，且必须做到电梯停车前不开门。

③正在下行的电梯直接返回基站。

④已在基站的电梯，开门放人，停住不动。

对于无消防功能的电梯，在发生火警时，也应立即返回基站，开门放人，然后停住不动。

2）消防员专用。电梯返回基站后，消防人员应使用专用钥匙开关使电梯处于消防员专用的紧急状态。在此状态下，控制系统应能做到以下几点。

①只应答内选指令，不应答外呼信号。

②轿内指令信号的登记只能逐次进行，运行一次后全部消除，再次运行必须重新登记。

③门的保护系统（光电保护、安全触板、本层开门等功能）全部不起作用。关门时必须持续按下关门按钮，直至电梯门全部关闭为止。

④到达目的层站后，电梯也不自动开门，消防人员必须持续按下开门按钮，电梯才能开门。

⑤消防运行时除门保护装置外，各类保护装置仍起作用。火警解除后，所有电梯应能很快转入正常运行。

（7）楼层校正功能。在井道两端最内侧的上下强迫换速开关为上下校正开关，当由于电梯门区开关损坏或检修运行导致楼层不能变化、乱层时，电梯运行到两端会碰到该开关，系统即刻发出指令，将事先存好的数据送入楼层的存储器，达到校正楼层目的。该功能使电梯不会上下冲层，保证运行安全。

（8）安全触板和光电保护功能。安全触板和光电保护两种方式都可以实现防门夹人的功能。当轿厢关门，触板和光电装置检测到电梯门口有人或物体时，轿门反向开启。电梯在关门行程达 1/3 之后，阻止关门的力应 ≤ 150 N。安全触板的碰撞力 ≤ 5 N，接触后门反向运行，但是其保护作用可在每个主动门扇最后 50 mm 的行程中被消除。

（9）自检平层功能。自检平层功能可使电梯在正常运行状态下不会在门区外停车，确保电梯自动找到门区并且停车。

（10）超载报警功能。当轿厢载重量达到 110% 额定载重量时，电梯蜂鸣器响，超载灯亮，并且不关门，不走梯，提醒部分乘客走出电梯。直到卸载到额定载重量以内，电梯才恢复正常工作状态。

（11）轿厢应急照明功能。当轿厢照明由于停电等原因失电时，应急照明装置将给轿厢提供照明。它可自动充电，并在电梯照明电源故障时自动亮起。

（12）对讲功能。在轿内、机房、轿顶、底坑和有人值班处都设置对讲装置，用于在电梯故障或维修时通话。

培训项目 2

自动扶梯结构与工作原理

培训重点

熟悉自动扶梯的结构组成、空间分布和性能参数

熟悉自动扶梯的工作原理

掌握自动扶梯的主要部件结构

一、自动扶梯整体构造

1. 结构组成

自动扶梯是由一台特殊结构的链式输送机（踏板）和两台特殊结构的胶带输送机（扶手带）组合而成，带有循环运动梯路，用以在建筑物的不同层高间向上或向下倾斜输送乘客的固定电力驱动设备，是运载人员上下的一种连续输送机械。自动扶梯总体结构如图 3-49 所示。

2. 空间分布

（1）上端站。上端站包括驱动装置、控制系统、上端站盖板等。

（2）运行段。运行段包括桁架、运载系统、扶手系统、安全保护系统等。

（3）下端站。下端站包括检修装置、下端站盖板等。

3. 性能参数

自动扶梯主要参数包括提升高度、名义宽度、倾斜角、额定速度、最大输送能力等。

（1）提升高度。自动扶梯进出口两楼层板之间的垂直距离称为自动扶梯的提升高度。

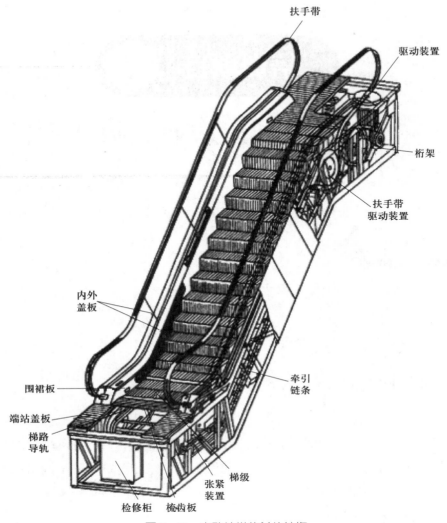

扶手带

驱动装置

桁架

扶手带
驱动装置

内外
盖板

围裙板

端站盖板

梯路
导轨

牵引
链条

梯级

张紧
装置

检修柜　梳齿板

图 3-49　自动扶梯的总体结构

（2）名义宽度。指梯级宽度的公称尺寸，规定不应小于 580 mm，且不超过 1 100 mm，通常为 600 mm、800 mm 和 1 000 mm 三种规格。

（3）倾斜角。梯级运行方向与水平面构成的最大角度即为自动扶梯的倾斜角。自动扶梯的标准倾斜角是 27.3°、30° 或 35°。35° 的倾斜角只用于提升高度 ≤ 6 m 且额定速度 ≤ 0.5 m/s 的场合。倾斜角决定了自动扶梯两梯级之间的高度差。

（4）额定速度。自动扶梯在额定载重量下的运行速度即为额定速度，用 v 表示。

1）自动扶梯倾斜角 α 不大于 30° 时，$v \leqslant 0.75$ m/s。

2）自动扶梯倾斜角 α 大于 30° 但不大于 35° 时，$v \leqslant 0.5$ m/s。

（5）最大输送能力。自动扶梯每小时最大输送人数见表 3-8。

表 3-8　自动扶梯每小时最大输送人数

梯级名义宽度 Z（m）	额定速度 v（m/s）		
	0.50	0.65	0.75
0.6	3 600 人	4 400 人	4 900 人
0.8	4 800 人	5 900 人	6 600 人
1.00	6 000 人	7 300 人	8 200 人

二、自动扶梯工作原理

自动扶梯通过主驱动链，将主机旋转提供的动力传递给驱动主轴，由驱动主轴带动梯级链轮以及扶手链轮，从而带动梯级以及扶手沿规定线路的封闭轨迹运行，实现将站在梯级上的乘客从某一高度位置运送到另一高度位置的目的。

自动扶梯的运行由梯级和扶手带两组运动组成。梯级运动是自动扶梯的主运动，承载乘客运送至目的层，扶手带运动是副运动，供乘客扶手用，起到保持人体平衡的作用。

三、自动扶梯主要部件结构

自动扶梯的构造可分成七大部分：桁架、运载系统、扶手系统、驱动装置、控制系统、安全保护系统、润滑系统。

1. 桁架

桁架是设备整体结构的骨架，具有装配和支撑各个部件、承受各种载荷，以及跨界不同楼层面的作用。桁架一般有桁架式和板梁式两种，通常采用桁架式金属结构（见图 3-50）或桁架式与板梁式相混合的金属结构。

图 3-50　桁架式金属结构

如图 3-51 所示桁架主要由上弦材、下弦材、纵梁、斜梁、底板、钢板等部件组成。

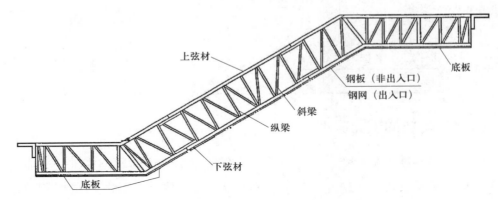

图 3-51　自动扶梯桁架

为了避免自动扶梯桁架和建筑物直接接触产生振动与噪声，在支撑桁架的支座下衬以减振金属片，将桁架与建筑物隔离开来。一般情况下，自动扶梯采用双支座支撑的模式，当提升高度过高，桁架没有足够的刚度时，会在桁架中部增加一个或多个中间支撑。自动扶梯桁架一般为金属结构，采用角钢、型钢或矩形钢管焊接而成，经喷砂处理后再对桁架段整体热镀锌。

2. 运载系统

自动扶梯运载系统是自动扶梯的输送线路，是供梯级运行的循环导向系统，由梯级、牵引构件、梯路导轨系统、梳齿装置等组成。自动扶梯运行时，梯级链将驱动主机的动力传送给梯级，使梯级沿着梯路导轨系统运行，安全快速运输乘客。

（1）梯级。梯级是扶梯的主要承载部件，主要由踏板、踢板、梯级支架、主轮、辅轮组成（见图 3-52）。梯级有分体式和整体式两种结构，分体式梯级由踏板、踢板、梯级支架等部分装配组合而成，而整体式梯级是将三者整体压铸而成。分体式梯级虽然加工工艺简单，但梯级在运行过程中往往会松脱，易造成事故，因此现在大部分自动扶梯制造厂都采用整体铝合金压铸的方法制造梯级。

1）踏板。供乘客站立的面称为踏板，其表面应具有节距精度较高的凹槽。它的作用是使梯级通过上下出入口时，能嵌在梳齿中，使运动部件与固定部件之间的间隙尽量的小，以避免对乘客的脚产生夹挤等伤害。另外，凹槽还可以增加乘客与踏板之间的摩擦力，防止脚产生滑移。一般情况，一个梯级的踏板由 2～5 块踏板拼成，并固定于梯级支架的纵向构件上。槽的尺寸一般是槽深 10 mm，槽宽 5～7 mm，槽齿顶宽 2.5～5 mm。

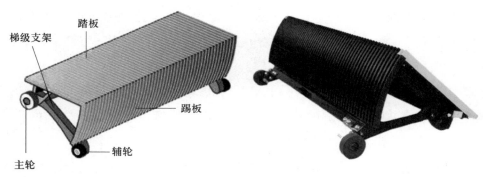

图 3-52　梯级

2）踢板。梯级中圆弧带齿的面为踢板，在梯级踏板后端也做出齿形，这样可以使后一个梯级的踏板后端的齿衔入前一个踢板的齿槽内，使各梯级间相互进行导向。大提升高度自动扶梯的踢板也有做成光面的。

3）梯级支架。梯级支架是梯级的主要支承结构，由两侧支架和以板材或角钢构成的横向连接件组成。

4）主、辅轮。一个梯级有四只车轮，两只铰接于牵引链条上的为主轮，两只直接装在梯级支架短轴上的为辅轮。自动扶梯梯级车轮工作特性是：转速不高，一般在 80～140 r/min 范围内，但工作载荷大（8 000 N 或更大），外形尺寸受到限制（直径 70～180 mm）。

（2）牵引构件。自动扶梯的牵引构件是牵引梯级的主要机件，常见的牵引构件有牵引链条和牵引齿条两种。一台自动扶梯一般有两根闭合环路的牵引链条或牵引齿条。

1）牵引链条。牵引链条也称为梯级链（见图 3-53），一般为套筒滚子链，由链片、销轴和套筒等组成。在梯级链驱动轮的牵引下，梯级通过梯级链沿导轨运

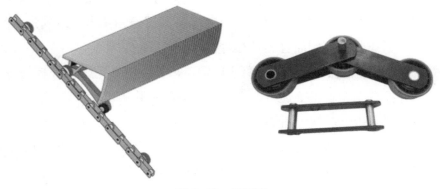

图 3-53　梯级链

行。梯级的主轮轴与梯级链连接在一起，全部梯级按一定规律布置在导轨上，导轨的形状决定了梯级的运行轨迹。梯级在梯路上半周时，踏面一直处于水平状态，而在下半周，恰好翻转180°。

牵引链条按梯级主轮所处的不同位置结构，可分为套筒滚子链和滚轮链两种。梯级主轮在链条内侧或外侧的称为套筒滚子链，梯级主轮在链条之间的称为滚轮链。

2）牵引齿条。牵引齿条是中间驱动装置所使用的牵引构件，这种齿条分一侧有齿和两侧均有齿两种。一侧有齿的齿条，两梯级间用一节牵引齿条连接；两侧都有齿的齿条，一侧为大齿，另一侧为小齿，大齿用来带动梯级，小齿用来驱动扶手胶带（见图3-54）。

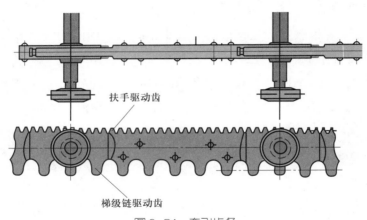

扶手驱动齿

梯级链驱动齿

图3-54　牵引齿条

3）张紧装置。张紧装置可使自动扶梯的梯级链条获得恒定的张力，以补偿在运行过程中梯级链条的伸长。

梯级链弹簧张紧装置结构如图3-55所示。这种张紧装置的链轮轴两端均装在滑块内，滑块可在固定的滑槽中滑动，以调节梯级链条的张力，达到张紧的目的。张紧装置不仅具有张紧作用而且还具有防止梯级链断裂的功能。

（3）梯路导轨系统。梯路导轨系统（见图3-56）的作用是保证梯级按一定轨迹运行，确保扶梯安全、平稳运行，支撑梯路的负载并防止梯级跑偏。

梯路导轨系统是由主轮、辅轮的全部工作轨、返回轨、转向壁以及相应的支撑物等组成的阶梯式导轨系统，图3-57是端部驱动扶梯的下部转向壁的结构。

主轮工作轨和辅轮工作轨是梯级主轮与辅轮运行的受载导轨。主轮返回轨和辅轮返回轨是梯级运行到下半周时的导轨。转向壁也称为转向导轨，是主轮、辅

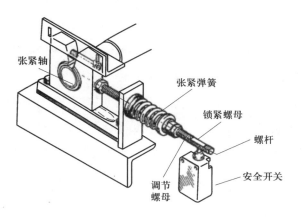

张紧轴

张紧弹簧

锁紧螺母

螺杆

安全开关

调节螺母

图 3-55　张紧装置

图 3-56　梯路导轨系统

主轮工作轨压板

主轮工作轨

辅轮转向轨

辅轮工作轨

辅轮返回轨

主轮返回轨

图 3-57　端部驱动扶梯转向壁

轮运行终端转向的整体式导轨。设置转向壁的目的是确保梯级平滑反转运行时有良好的连续性。当牵引链条通过驱动端和张紧端的转向轮时，梯级主轮不再需要导轨，而是直接与齿轮啮合，完成转向。但辅轮仍需要导轨，大部分的辅轮转向导轨都做成整体式的。

（4）梳齿装置。梳齿板设置在自动扶梯的出入口处，是确保乘客安全上下扶梯的机械构件。如图 3-58 所示，梳齿装置由梳齿、梳齿板和前沿板三部分组成。梳齿板为易损件，成本低且更换方便，常用的梳齿板有塑料和铝合金两种。

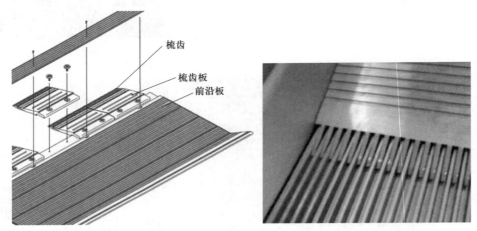

图 3-58　梳齿装置

3. 扶手系统

扶手系统（见图 3-59）是供站立于踏板上的乘客扶手用的，是一个重要的安全保障设备。扶手系统与梯级以相同速度（偏差在 2% 以内）运动。扶手系统主要由扶手驱动装置、扶手导向装置、扶手带和扶手栏杆组成。

图 3-59　扶手系统

（1）扶手驱动装置。扶手驱动装置就是驱动扶手带运行，并保证扶手带运行速度与梯级运行速度偏差不大于 2% 的驱动装置。扶手驱动装置一般分为摩擦轮驱动、压滚轮驱动和端部轮式驱动三种形式。

1）摩擦轮驱动。如图 3-60 所示为一种摩擦轮驱动扶手装置。扶手带围绕若干组导向轮群、进出口的导向滚轮组及特种形式的导轨构成一闭合环路，扶手带与梯路由同一驱动装置驱动，并保证两者的速度基本相同。

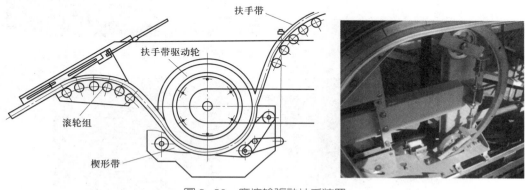

图 3-60　摩擦轮驱动扶手装置

2）压滚轮驱动。如图 3-61 所示为压滚轮驱动扶手装置。扶手带通过一系列相对压紧的滚子的转动来获得驱动力做循环运动。

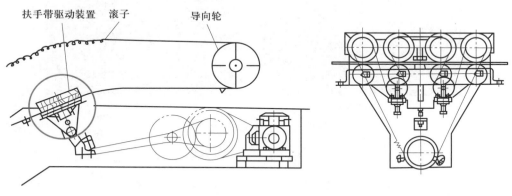

图 3-61　压滚轮驱动扶手装置

3）端部轮式驱动。如图 3-62 所示为端部轮式驱动扶手装置。扶手带由驱动轮转动获得驱动力。该驱动方式只能用在不锈钢扶手栏板的自动扶梯上。

（2）扶手导向装置。扶手导向装置由导向滚轮柱群、进出口的改向滑轮、支承滚轮组和进出口改向滚柱组构成。图 3-63 为扶手导向装置各组成部件实物图。

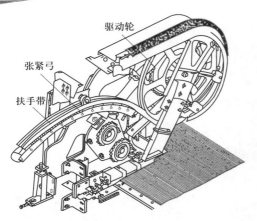

图 3-62 端部轮式驱动扶手装置

导向滚轮柱群

进出口的改向滑轮

支承滚轮组

进出口改向滚柱组

图 3-63 扶手导向装置组成部件

（3）扶手带。扶手带是一种边缘向内弯曲的封闭型橡胶带，一般由橡胶层、织物层、钢丝或纤维芯层、抗摩擦层组成。依据扶手带内表面的形状，可将其分为平面扶手带（见图 3-64）和 V 形扶手带（见图 3-65）两种。

（4）扶手栏杆。如图 3-66 所示，扶手栏杆由围裙板、内盖板、钢化玻璃（护壁板）、外盖板等部件组成。

扶手栏杆在护壁板的形式上可分为全透明无支撑式（E 型）、半透明有支撑式（F 型）和不透明有支撑式（I 型）。透明材料均采用钢化玻璃，而不透明材料一般都使用不锈钢板来制造。

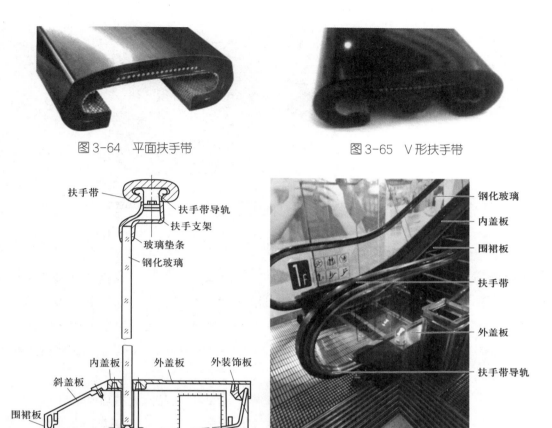

图 3-64 平面扶手带　　　　　　　　图 3-65 V 形扶手带

图 3-66 扶手护栏

采用钢化玻璃扶壁板的自动扶梯，乘客可以透过扶壁板看到自动扶梯对面的景象，开阔了视野，使乘客在心理上感觉似乎增加了建筑物空间，符合大部分人的心理需求。采用不锈钢扶壁板的自动扶梯，结构强度大，适用于车站、码头、机场等客流量大的场合。

4. 驱动装置

驱动装置的作用是将动力传递给梯路及扶手系统，是自动扶梯的动力源，相当于电梯的曳引机。它通过主驱动链，将主机旋转提供的动力传递给驱动主轴，由驱动主轴带动梯级链轮以及扶手带驱动链轮，从而带动梯级以及扶手的运行。如图 3-67 所示，驱动装置一般由驱动主机、驱动主轴及传动链条、扶手带驱动链轮、梯级链轮、梯级链、扶手带驱动链等组成。

驱动装置按照所在自动扶梯的位置，可分为端部驱动装置、分离机房驱动装置和中间驱动装置三种。端部驱动装置多以牵引链条为牵引件，这类扶梯称为链条式扶梯。这种驱动装置安装在自动扶梯金属结构的上端部，称作机房。对于一些

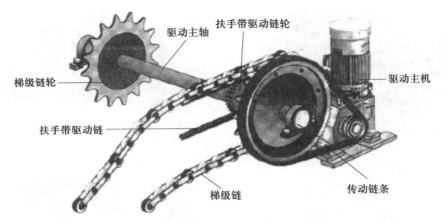

图3-67 自动扶梯驱动装置

大提升高度或者有特殊要求的扶梯，驱动装置安装在自动扶梯金属结构之外建筑物上，称为分离机房。驱动装置安装在自动扶梯中部的称作中间驱动装置，该驱动装置不需要设置机房，以牵引齿条为牵引件，这类扶梯又称为齿条式扶梯。

（1）驱动主机。如图3-68所示的驱动主机由电动机、减速器、制动器等组成。

驱动主机的电动机一般采用三相交流异步电动机，有较大的启动转矩，具有热保护、速度传感器、超速检测装置等安全保护装置。减速器有齿轮减速器、蜗轮蜗杆减速器、蜗杆-齿轮减速器和行星齿轮减速器等几类。

自动扶梯驱动装置的制动器包括工作制动器、附加制动器和辅助制动器。

1）工作制动器。工作制动器是扶梯必须配置的制动器，一般装在电动机高速轴上，它应能使自动扶梯以匀减速度最终停止运转，并能保持停住状态。工作制动器在动作过程中应无故意的延迟现象。工作制动器应采用常闭式的机电一体式制动器，其控制至少应有两套独立的电气装置来实现，制动力必须由有导向的压缩弹簧等装置来产生。自动扶梯常用的工作制动器有块式（闸瓦式）制动器、带式制动器、盘式制动器。

2）附加制动器。附加制动器又被称为

图3-68 驱动主机

紧急制动器，结构如图 3-69 所示。对于以驱动链驱动主轴的自动扶梯，一旦传动链条突然断裂，两者之间即失去联系。此时，如果在驱动主轴上装设一只或多只制动器，直接作用于梯级驱动系统的非摩擦元件上，使其整体停止运行，则可以防止意外发生。

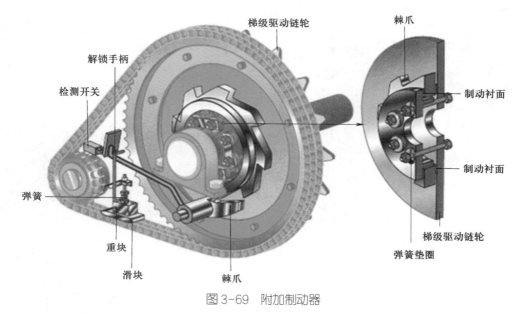

图 3-69　附加制动器

3）辅助制动器。辅助制动器与工作制动器起相同的作用，用于停梯时起保险作用，尤其在满载下行时起辅助工作制动器的作用。辅助制动器动作后需要人工操作才能复位。

工作制动器是自动扶梯必备的制动器，附加制动器需要按照扶梯标准的要求配备，而辅助制动器则根据用户的要求配置。

（2）驱动主轴及传动机构。驱动主轴是链条式自动扶梯端部驱动装置的枢纽，其轴上装有一对梯级驱动链轮、驱动主机链轮和扶手带驱动链轮。在梯级驱动链轮上装有附加制动器。

5. 控制系统

自动扶梯控制系统，是自动扶梯的"大脑"，能对电动机的启动、停止、正反转、"星－三角"变换进行全面的控制和管理，对运行中发生的短路、欠电压、过载、梯级塌陷、梯级缺失、驱动链断、传动链断、梯级运行速度异常、扶手带运行速度异常等多种故障实施高速并行处理。当一路或几路发生故障时，能进行声光报警，及时切断控制电路电源和主电路电源，使自动扶梯迅速制动并准确停车。

自动扶梯的控制系统一般由一体化控制柜（见图3-70）、面板操纵盒（见图3-71）、安全装置等组成。

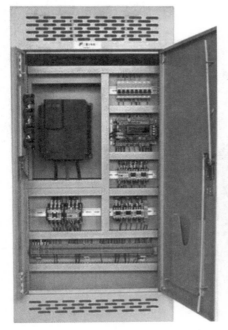

图3-70　自动扶梯一体化控制柜

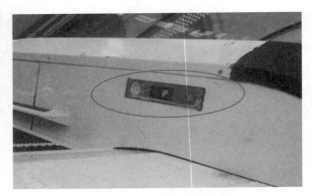

图3-71　自动扶梯面板操纵盒

6. 安全保护系统

根据《自动扶梯和自动人行道的制造与安装安全规范》规定，自动扶梯应设置一定的安全保护装置以避免各种潜在危险事故的发生，确保乘用人员和设备的安全，并把事故对设备和建筑物的破坏降到最低程度。常见的自动扶梯安全保护装置如图3-72所示。

（1）扶手带入口安全保护装置。扶手带是运动部件，在自动扶梯的上下端各有一个出入口，运动的扶手带从出入口进出。为防止乘用人员好奇用手触摸，造成不必要的伤害，按相关规定，扶手带出入口必须装设安全保护装置，以防止乘用人员的手指受到伤害，同时装设安全保护开关，开关一旦动作，自动扶梯就会停止运行。

如图3-73所示为一种形式的扶手带出入口安全保护装置。该装置是在扶手带入口处设有一橡胶圈，扶手带穿过橡胶圈运行，当有异物卡住时，橡胶圈向内移动，与之相连的触发杆将向内移动，切断安全开关，使自动扶梯制停。

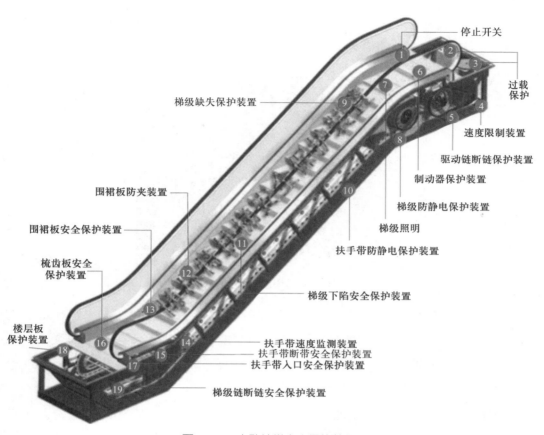

图 3-72　自动扶梯安全保护装置

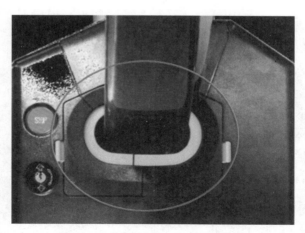

图 3-73　扶手带入口安全保护装置

（2）扶手带断带安全保护装置。公共交通型自动扶梯，应设置能在扶手带的破裂载荷小于 25 kN 的情况下使自动扶梯在扶手带断带时停止运行的装置，在断带或扶手带过分伸长失效时，安全开关均可动作，从而切断安全回路，使自动扶梯制停。

如图 3-74 所示的就是一种扶手带断带安全保护装置。扶手带一旦断裂或过分伸长，将下压检测杆，触动安全开关，使自动扶梯控制电路断开，停止自动扶梯运行。

图 3-74　扶手带断带安全保护装置

（3）梯级下陷安全保护装置。梯级是运载乘客的重要部件，如果损坏是很危险的。梯级轮外圈的橡胶剥落或梯级轮轴断裂或梯级弯曲变形等情况如果没有被检测出来，问题部件在进入梳齿和转向壁时，会损坏扶梯，造成事故。因此自动扶梯上必须装设有梯级塌陷或严重变形的保护装置。

如图 3-75 所示为一种梯级下陷安全保护装置。当梯级轮外圈的橡胶剥落或梯级轮轴断裂或梯级弯曲变形或超载使梯级下沉时，梯级会碰到上下检测杆，轴随之转动，碰击开关，自动扶梯停止运行。此时应检查或更换、修复损坏的梯级。故障排除后，手动将检测杆复位，安全开关随即复位，自动扶梯便可重新运转。

图 3-75　梯级下陷安全保护装置

（4）梯级缺失保护装置。如图 3-76 所示为一种梯级缺失保护装置，用于探测梯路中梯级是否缺失。一般在自动扶梯进出口各设一个扫描装置组成安全电路，该装置对通过驱动站和转向站的梯级进行扫描，运行中发现梯级带出现空隙，就会切断安全回路，关闭自动扶梯。

（5）梳齿板安全保护装置。梳齿通过螺钉连接在梳齿板上，梳齿与梯级踏板面的凹槽相配合，配合间隙一般在 3～4 mm，以铲除异物，但有时如果有异物卡到梳齿与梯级之间，就有可能将梳齿打断或损坏梯级。因此，自动扶梯上必须设有梳齿板安全保护装置。

如图 3-77 所示为一种梳齿板安全保护装置。该装置可在水平和竖直两个方向上切断安全回路。当有异物卡在梳齿之间时，梳齿板会向后移动，连接在梳齿板上的可调摆杆将安全开关的触点切断；当梳齿板向上抬起时，摆杆水平移动，同样可以将开关切断。

图 3-76　梯级缺失保护装置

图 3-77　梳齿板安全保护装置

（6）围裙板安全保护装置。自动扶梯围裙板与梯级侧面存在着间隙，在正常运行时围裙板与梯级之间的间隙，单边不大于 4 mm，两侧之和不大于 7 mm。特别是在上下转弯处，梯级除做水平方向运动外，还有垂直方向运动，容易将异物卡入间隙造成危险。为保证乘客的安全，自动扶梯一般都装有围裙板安全保护装置（见图 3-78），一旦出现异物卡入间隙的情况时，能使自动扶梯立即停止运行。

（7）围裙板防夹装置。为了防止衣物、鞋带不与裙板接触，可在自动扶梯两侧的围裙板上安装防夹装置。如图 3-79 所示为毛刷型和橡胶条型围裙板防夹装置。

（8）梯级链断链安全保护装置。梯级链在使用中随着磨损会发生伸长甚至断裂。伸长的主要原因是链条节点处的销轴与轴套的磨损，使节距增大，伸长太多

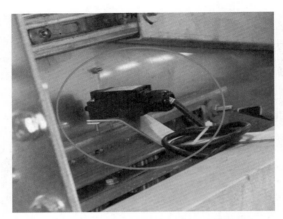

图 3-78　围裙板安全保护装置

a)　　　　　　　　　　　　　　　　　　　　b)

图 3-79　围裙板防夹装置
a）毛刷型　b）橡胶条型

就会导致梯级系统产生不正常振动和噪声，并在返回时会出现被卡住的可能。按相关规定，自动扶梯必须装设当梯级链过度伸长或断裂时使扶梯停止的安全保护装置。如图 3-80 所示为一种梯级链断链安全保护装置。在设计中，通常将梯级链断链安全保护装置与梯级链张紧装置合二为一。

（9）驱动链断链保护装置。按相关规定，当驱动链发生断链时，应使自动扶梯停止运动。采用链式驱动的自动扶梯都应装有驱动链断链保护装置（见图 3-81）。

驱动链断链保护装置的作用有两种：一是在链条断裂时发出断链信号使附加制动器立即动作；二是当链条过分松弛时，切断自动扶梯安全电路，使自动扶梯工作制动器动作。

（10）速度限制装置。自动扶梯超速常常发生在满载下行时，速度的加大可能会造成乘客在到达下出口后不能及时离开，造成人员堆积的情况，由此可能引发挤压和踩踏事故发生。按相关规定，自动扶梯和自动人行道应配置速度限制装置，

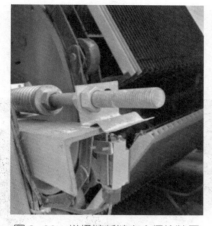

图 3-80　梯级链断链安全保护装置

图 3-81　驱动链断链保护装置

使其在速度超过额定速度 1.2 倍之前自动停车。如图 3-82 所示是一种电子式速度限制装置。

（11）扶手带速度监测装置。在自动扶梯运行时，扶手带速度与梯级速度不一致会导致乘客失去平衡。按相关规定，扶手带偏离梯级速度大于 15% 且持续时间超过 15 s 时，扶手带速度监测装置（见图 3-83）应使扶梯停止运行。

图 3-82　速度限制装置

图 3-83　扶手带速度监测装置

（12）楼层板保护装置。楼层板保护装置即楼层板开关（见图 3-84）。如果楼层板打开，安全回路将被切断，自动扶梯停止运行，从而避免发生意外伤害。在楼层板盖上前，自动扶梯不能启动。

（13）停止开关。停止开关（见图 3-85）应安装在自动扶梯上明显的地方，遇到紧急情况时，按下停止开关，自动扶梯将制停。停止开关一般位于自动扶梯的上下扶手入口面板处，超长的自动扶梯应在自动扶梯中部位置增加一个或若干个停止开关。

图 3-84　楼层板保护装置

图 3-85　停止开关

此外，自动扶梯还应设置电气保护装置、出入口阻挡保护装置、夹角防碰保护装置、防攀爬装置、阻挡装置、防滑行装置。

7. 润滑系统

自动扶梯的梯级、扶手带循环运行，其机械零件经相对运动摩擦后会产生大量热量，如不采取措施，会造成机件严重磨损，破坏设备的结构性能。因此自动扶梯需配备自动加油润滑系统，减少机件摩擦产生的热量，降低运行噪声，延长使用寿命。如图 3-86 所示，自动扶梯自动加油润滑系统由润滑泵通过喷嘴向梯级链、驱动链、扶手带链输送润滑油。

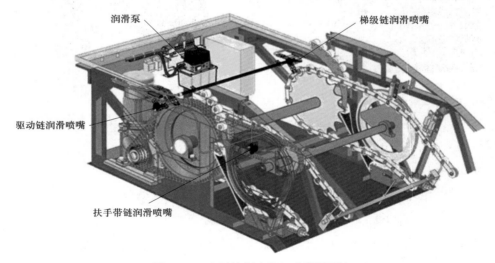

图 3-86　自动扶梯自动加油润滑系统

理论知识复习题

一、判断题（将判断结果填入括号中，正确的填"√"，错误的填"×"）

1. 自动人行道是带有循环运行走道（板式或带式），用于水平或倾斜角不大于 15° 运送乘客的固定电力驱动设备。（　　）

2. 导轨是为电梯轿厢和对重提供导向的部件。（　　）

3. 驱动曳引电梯的曳引力就是轿厢与对重装置的重力使曳引绳压紧在曳引轮槽内产生的摩擦力。（　　）

4. 缓冲器按照其工作原理不同，可分为蓄能型和耗能型两种。（　　）

5. 平层是指轿厢在接近某一楼层的停靠站时，使轿厢地坎与层门地坎达到同一平面的操作。（　　）

二、单项选择题（选择一个正确的答案，将相应的字母填入题内的括号中）

1. 电梯是服务于建筑物内若干特定的楼层，其轿厢运行在至少两列（　　）于水平面或沿垂线倾斜角小于 15° 的刚性导轨运动的永久运输设备。

A. 平行　　　　　　B. 垂直　　　　　　C. 贴近　　　　　　D. 相切

2. 从空间位置看，电梯由四部分组成，其中不包括（　　）。

A. 机房　　　　　　B. 井道　　　　　　C. 底坑　　　　　　D. 层站

3. 下列选项中不属于电梯的八大系统的是（　　）。

A. 曳引系统　　　　　　　　　　　B. 轿厢系统

C. 井道系统　　　　　　　　　　　D. 导向系统

4. 下列选项中不属于轿厢系统的是（　　）。

A. 轿顶　　　　　　B. 轿底板　　　　　　C. 轿架　　　　　　D. 轿门

5. 下列选项中不属于轿门部件的是（　　）。

A. 门扇　　　　　　B. 门刀　　　　　　C. 变频器　　　　　　D. 门自闭装置

6. 下列选项中不属于限位保护装置的是（　　）。

A. 强迫减速开关　　　　　　　　　B. 终端限位开关

C. 平层感应开关　　　　　　　　　D. 终端极限开关

7. 下列选项中不属于门安全保护装置的是（　　）。

A. 门锁电气联锁装置　　　　　　　B. 门刀

113

C. 安全触板　　　　　　　　　D. 层轿门旁路装置

8. 现在生产的电梯大都采用（　　　）来确定轿厢位置，获取电梯运行速度信息。

A. 平层感应器　　　　　　　　B. 隔磁板

C. 旋转编码器　　　　　　　　D. 光栅

9. （　　　）的作用是将动力传递给梯路及扶手系统，是自动扶梯的动力源，相当于电梯的曳引机。

A. 运载系统　　　　　　　　　B. 扶手系统

C. 驱动装置　　　　　　　　　D. 桁架

10. 自动扶梯需配备（　　　）系统，可以减少机件摩擦产生的热量，降低运行噪声，延长使用寿命。

A. 工作制动器　　　　　　　　B. 自动加油润滑

C. 扶手胶带　　　　　　　　　D. 驱动

理论知识复习题参考答案

一、判断题

1. ×　2. √　3. √　4. √　5. √

二、单项选择题

1. B　2. C　3. C　4. D　5. D　6. C　7. B　8. C　9. C　10. B

职业模块 ④

机械基础知识

培训项目　①

机械结构基本知识

培训重点

了解机器和机构的概念

了解平面连杆机构的特点及其应用

了解凸轮机构的特点及其应用

一、机械

1. 机械的定义

机械是机器和机构的总称。

（1）机器。机器是根据某种使用要求而设计制造的一种能执行某种机械运动的装置，在接受外界输入能量时，能变换和传递能量、物料和信息。

机器依其复杂程度可以由多种机构组合而成，而简单的机器也可以只包含一种机构，如电动机、水泵等。

机器中普遍使用的机构称为常用机构，如齿轮机构、连杆机构、凸轮机构等。

（2）机构。机构由多种实体（如齿轮、螺钉、连杆、叶片等）组合而成，各实体间具有确定的相对运动。组成机构的各相对运动的部分称为构件。机构可以是单一的实体，有时则由于结构和工艺的需要，也可以是多个实体刚性地连接在一起，作为一个整体而运动，例如电梯安全钳中使用的连杆机构（见图4-1）。

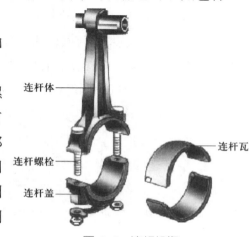

连杆体

连杆瓦

连杆螺栓

连杆盖

图 4-1　连杆机构

这些刚性地连接在一起的各实体之间不能产生任何相对运动，它们共同组成一个独立的运动单元，即连杆机构。组成机构的每一个实体都是一个制造单元，称为零件。

构件是由一个或多个零件组成的，它与部件有原则性区别。部件是为完成某一职能而组合在一起、协同工作的若干零件的装配单元。部件中各零件之间的连接不一定都是刚性连接。例如滚动轴承部件、变速箱部件中的零件之间都有可以产生相对运动的动连接存在。

2. 机械应满足的基本要求

（1）必须达到预定的使用功能，工作可靠，机构精简。

（2）经济合理，安全可靠，效率高，能耗少，原材料和辅助材料节省，管理和维修费用低。

（3）操作方便，操作方式符合人们的心理和习惯，尽量降低噪声，防止有毒、有害介质渗漏，机身美观。

（4）对不同用途和不同使用环境的适应性强（如容易装卸，易于搬动等）。

二、平面连杆机构

平面连杆机构是一种应用极为广泛的机构，在各行各业以及日常生活的机械装备中十分常见。

1. 平面连杆机构的特点

连杆机构是若干刚性构件用低副（面和面接触的运动副）连接组成的机构，又称为低副机构。在连杆机构中，若各运动构件均在相互平行的平面内运动，则称为平面连杆机构；若各运动构件不都在相互平行的平面内运动，则称为空间连杆机构。

平面连杆机构作为低副，两元素为面接触，可承受较大的载荷；两元素间便于润滑，不易产生大的磨损；两元素的几何形状也比较简单，便于加工制造。并且在平面连杆机构中，当原动件以相同的运动规律运动时，如果改变各构件的相对长度关系，可使从动件得到不同的运动规律。

由于平面连杆机构运动副磨损后的间隙不能自补，容易造成运动误差，运动中的惯性力难以抵消，所以平面连杆机构一般用于低速场合。

2. 平面连杆机构在电梯中的应用

（1）直接连接方式门扇联动机构。电梯门系统中采用直接连接方式的门扇联动机构通过电动机以平面连杆机构控制电梯层门和轿门的开启、闭合，如图4-2所示。

（2）层门自动关闭装置。压缩弹簧式层门自动关闭装置，通过门扇之间的摆杆联动机构,将弹簧的弹力转换为水平关闭力作用到所有门扇上,使层门自动关闭。其摆杆联动机构也是一种平面连杆机构,如图4-3所示。

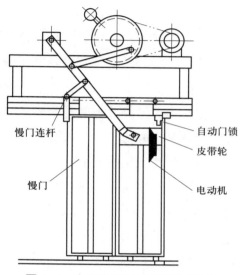

　　层门门扇水平开关的过程中,层门联动摆杆传动,利用各摆杆之间传动比的杠杆放大效应,可使压缩弹簧的工作行程大幅度小于开关门的总行程,而压缩弹簧的弹力经过同比例缩小,成为最终作用在门扇上的自动关闭力。压缩弹簧式层门自动关闭装置因而也更适合应用在开门宽度较大的水平滑动折叠门上。

图4-2　直接连接方式门扇联动机构

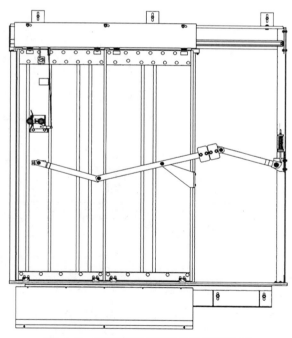

图4-3　压缩弹簧式层门自动关闭装置

　　(3)轿门门刀与层门滚轮机构。如图4-4所示是一种常见的轿门门刀与层门滚轮配合机构。当电梯进入平层区后,轿门门机执行开门工作,带动轿门门刀张开,轿门门刀拨动层门滚轮运行,使门锁旋转,锁钩解锁,电梯开门。轿门门刀的张开解锁层门锁钩,使层门能顺利开门;反之,门刀的收缩释放层门锁钩,锁钩锁紧，层门闭合。

（4）限速器张紧装置。限速器张紧装置主要功能一是为了张紧限速器钢丝绳，在限速器机械动作时提供安全钳连杆的提拉力，二是监控限速器钢丝绳没有出现伸长、断绳、脱槽等情况，以保证安全钳提拉机构的原动力。

如图 4-5 所示是一种常见的张紧装置，当限速器钢丝绳出现异常松弛时，该装置的配重块因重力作用而下沉，带动悬臂旋转，拨动安全开关切断电气安全回路，使电梯停止运行。为保证安全开关能被有效拨动，要确保配重块有足够的最小离地距离。

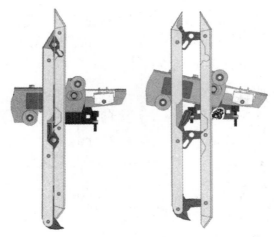

图 4-4　轿门门刀与层门门滚轮机构

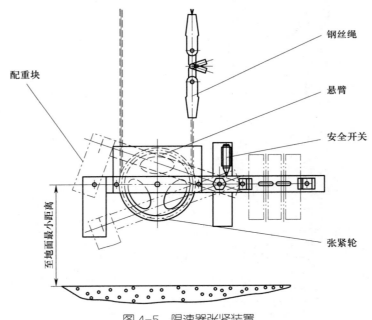

图 4-5　限速器张紧装置

（5）安全钳联动机构。如图 4-6 所示是一种常见的轿顶安全钳联动机构。当限速器钢丝绳提起一侧联动机构，在提起同侧的安全钳楔块的同时，联动机构驱动该侧的联动转轴旋转，拉动联动拉杆，通过联动拉杆的拉力使另一侧联动转轴发生旋转，提起楔块。

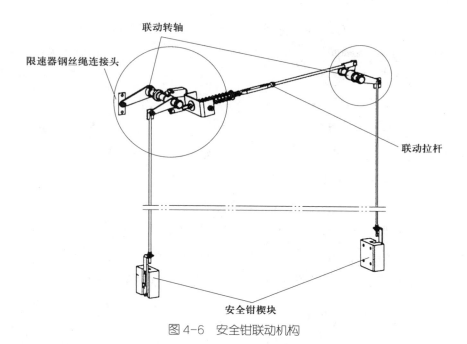

联动转轴

限速器钢丝绳连接头

联动拉杆

安全钳楔块

图 4-6　安全钳联动机构

（6）自动扶梯梯级下陷安全保护装置。梯级下陷是由于梯级滚轮破损、梯级轴断裂或梯级体破损等原因，导致梯级离开正常运行平面，发生倾斜、下沉现象，如果不及时停止扶梯运行，其后果将是恶性的。因此，应当有一个装置在这些情况下能使自动扶梯立即停止运行，这就是梯级下陷安全保护装置。

如图 4-7 所示是一种常见的梯级下陷安全保护装置。该装置通常设置在自动扶梯上下弯部接近水平段的位置，由旋转横轴、触碰杆、安全开关等组成。在正

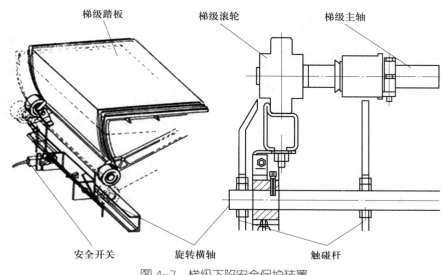

梯级踏板　　　　梯级滚轮　　　　梯级主轴

安全开关　　　旋转横轴　　　触碰杆

图 4-7　梯级下陷安全保护装置

常情况下，梯级上的任何部位都不会触碰到触碰杆，但当梯级上任意部位发生下沉，就会碰到触碰杆中的一只或多只，触发安全开关动作，切断电气安全回路，使扶梯停止运行。故障排除后，通过横轴上的触碰杆复位，可使自动扶梯重新启动运行。

（7）自动扶梯扶手带断带安全保护装置。运行中的自动扶梯如果扶手带断带，乘客会有跌倒的危险，因此，应当有一个装置在这种情况下能使自动扶梯立即停止运行，这就是扶手带断带安全保护装置。

图 4-8 是一种常见的扶手带断带安全保护装置。该装置通常设置在自动扶梯下弯部接近水平段的位置，由摆杆、摩擦轮、安全开关等组成。在正常情况下，摩擦轮与扶手带摩擦并滚动，如果扶手带出现松弛或者断裂，滚轮因重力作用自然下垂，带动摆杆，拨动安全开关动作，切断电气安全回路，使扶梯停止运行。

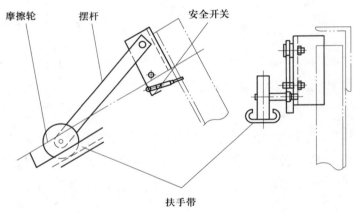

图 4-8　扶手带断带安全保护装置

由上可知，虽然平面连杆机构的构件组成很简单，但它在电梯中的应用却非常广泛，而且只要细心观察连杆机构的运动轨迹，很容易掌握其运动规律以及工作原理。

三、凸轮机构

凸轮机构是由凸轮、推杆（从动件）和机架三个构件组成的一种常用的高副（点或线接触的运动副）机构，其中凸轮是一个具有曲线轮廓或凹槽的构件。凸轮机构运动时，通过高副接触可以使从动件获得连续或不连续的任意预期往复运动。

1. 凸轮机构的特点

（1）凸轮机构的优点。只要正确设计凸轮轮廓曲线，就可以使推杆实现任意预期的运动规律，而且结构简单、紧凑、设计方便。

（2）凸轮机构的缺点。由于凸轮与从动件为点或线接触，是高副机构，易于磨损，因此仅适用于传递动力不大的场合；凸轮轮廓较为复杂，加工较困难；从动件的行程受限制，不能过大，否则会使凸轮变得笨重。

2. 凸轮机构在电梯中的应用

（1）摆锤式限速器。如图 4-9 所示是凸轮机构在摆锤式限速器中的应用，绳轮上的凸轮在旋转过程中与摆锤一端的滚轮接触，摆锤摆动的频率与绳轮的转速有关，当摆锤的振动频率超过某一预定值时，摆锤的棘爪进入制动轮的轮齿内，从而使限速器停止运转。

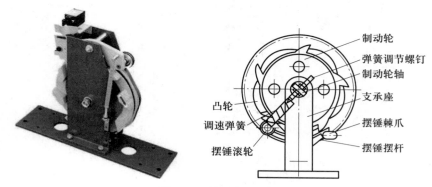

图 4-9　摆锤式限速器

（2）门扇驱动机构。如图 4-10 所示是一种常见的门扇驱动机构，其中凸轮机构起到重要作用。皮带通过凸轮机构带动连杆，连杆带动轿门挂板和门刀，门刀用来夹层门门球，从而实现层门轿门联动。皮带随门机正转、反转，实现开门、关门。

（3）电阻门机凸轮开关组。因电阻门机通常不配置编码器，多使用开环位置和速度控制，类似多段速速度控制，以及爬行停靠位置控制，因此常使用凸轮开关确定其运行曲线中的减速点以及开关门到位的停止点。

如图 4-11 所示是一种常见的电阻门机凸轮开关组。在开门曲线中，通过调整 A 和 C 的长度，即凸轮使对应开关动作行程的长度来调整开门时的减速度，如果开门时减速太早，就减

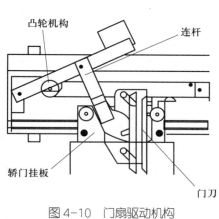

图 4-10　门扇驱动机构

小 A 和 C 的长度，反之增大 A 和 C 的长度；如果开门不能开到底，则减小 F 的长度。在关门曲线中，通过调整 B 和 D 的长度，即凸轮使对应开关动作行程的长度来调整关门时的减速度，如果关门时减速太早，就减小 B 和 D 的长度，反之增大 B 和 D 的长度；如果关门不能关到底，则减小 G 的长度。

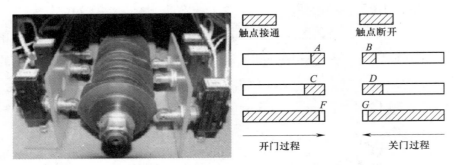

图 4-11　电阻门机凸轮开关组

培训项目 ② 机械传动基本知识

培训重点

了解机械传动的概念
了解带传动、链传动、齿轮传动、蜗杆传动、钢丝绳传动及其应用
了解轴承、键连接及其应用

一、机械传动的概念

机器（机械）制造成功的标志能完成设计者提出的要求，即执行某种机械运动以期达到变换和传递能量、物料和信息的目的。机器一般是由多种机构或构件按一定方式组成的，当原动机（电动机、内燃机等）驱动机器运转时，其运动和动力是从机器的一部分逐级传递到相连的另一部分而最后到达执行机构来完成机器的使命的。利用构件和机构把运动和动力从机器的一部分传递到另一部分的中间环节称为机械传动。

机械传动方式按照传力方式可分为摩擦传动、链传动、齿轮传动、带传动、蜗轮蜗杆传动、棘轮传动、曲轴连杆传动、气动传动、液压传动、万向节传动、钢丝绳传动、联轴器传动、花键传动。

二、带传动

带传动是由两个带轮和一根紧绕在两轮上的传动带组成，靠传动带与带轮接触面之间的摩擦力来传递运动和动力的一种挠性摩擦传动。

1. 带传动概述

带传动是利用张紧在带轮上的传动带与带轮的摩擦或啮合来传递运动和动力的。

带传动通常由主动轮、从动轮和张紧在两轮上的环形带组成。根据传动原理不同，带传动可分为摩擦传动型（见图 4-12）和啮合传动型（见图 4-13）两大类。

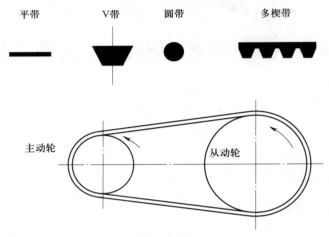

图 4-12　摩擦传动型

带传动的优点有：结构简单，制造和安装的精度要求较低，使用维护方便；能用于两轴中心距较大的场合；传动带富有弹性，能缓冲吸振，传动平稳无噪声；过载时可产生打滑，能防止薄弱零件的损坏，起安全保护作用。

图 4-13　啮合传动型

带传动的缺点有：传动带在带轮上有相对滑动，传动比不恒定；传动带需张紧在带轮上，对轴和轴承的压力较大；外廓尺寸较大，传动效率较低（一般为 0.94～0.96），传动带的使用寿命较短；不宜用于高温、易燃等场合。

根据上述特点，带传动多用于中小功率传动（通常不大于 100 kW）、原动机输出轴的第一级传动（工作速度一般为 5～25 m/s）、传动比要求不十分准确的机械。

2. 带传动在电梯中的应用

电梯门机是负责启、闭电梯厅轿门的机构。目前较为先进的是一种采用永磁同步电动机驱动变频无级调速控制的门驱动系统。它能达到最佳的开关门速度曲线，高效、可靠、操作简单、机械振动小。在图 4-14 中，当控制柜主变频器和门机检测到符合开门的条件时，门机变频器输出开门信号，变频电动机得电转动，通过皮带和皮带轮减速机构进行传动：皮带轮夹在传动皮带上，皮带夹板连接滑轮组，从而带动轿门开关。在整个开关门动作过程中，带传动起着至关重要的作用。

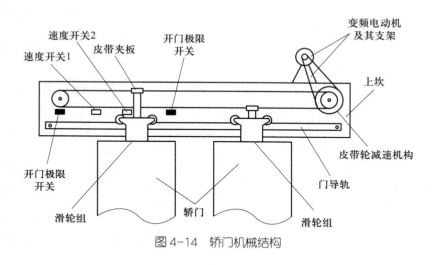

图 4-14　轿门机械结构

三、链传动

1. 链传动概述

链传动由两轴平行的主动链轮、从动链轮和链条组成，如图 4-15 所示。链传动与带传动有相似之处，链轮齿与链条的链节啮合，其中链条相当于带传动中的挠性带，但又不是靠摩擦力传动，而是靠链轮齿和链条之间的啮合来传动的。因此，链传动是一种具有中间挠性件的啮合传动。

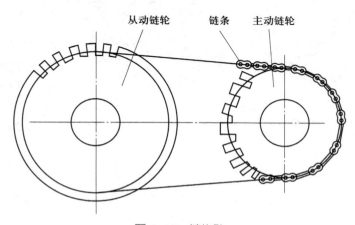

图 4-15　链传动

根据用途不同，链传动的链条可分为传动链、起重链和牵引链。根据结构的不同，常用的传动链又分为短节距精密滚子链（简称滚子链）、套筒链、弯板链和齿形链。滚子链结构简单，磨损较轻，故应用较广。齿形链又称无声链，它传动平稳、噪声小、承受冲击性能好、工作可靠，但结构复杂、价格高、制造较困难，故多用于高速（链速可达 40 m/s）或运动精度要求较高的传动装置中。

2. 链传动在电梯中的应用

扶梯的运行主要依靠链传动进行。扶梯主机通过链传动将动力传递给牵引链轮和扶手驱动轮，驱动扶手带和扶梯梯级循环运行。

如图 4-16 所示，自动扶梯由梯路（变型的板式输送机）和扶手（变形的带式输送机）组成。其主要部件有梯级、牵引链条及链轮、导轨系统、主传动系统（包括电动机、减速装置、制动器及中间传动环节等）、驱动主轴、梯路张紧装置、扶手系统、梳板、扶梯骨架和电气系统等。梯级在乘客入口处做水平运动（方便乘客登梯），以后逐渐形成阶梯；在接近出口处阶梯逐渐消失，梯级再度做水平运动。这些运动都是由梯级主轮、辅轮分别沿不同的梯级导轨行走来实现的。

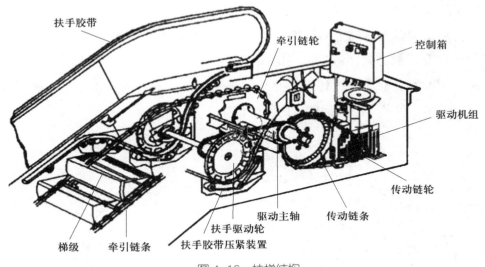

图 4-16　扶梯结构

自动扶梯的核心部件是两根链条，它们绕着两对链轮进行循环转动。在扶梯顶部，有一台电动机驱动传动链轮，以转动链圈。发动机和链条系统都安装在构架中，构架是指在两个楼层间延伸的金属结构。

与传送带移动一个平面不同，链圈移动的是一组台阶。链条移动时，乘客侧台阶一直保持水平。在自动扶梯的顶部和底部，台阶彼此折叠，形成一个平台。这样使上、下自动扶梯比较容易。

自动扶梯上的每一个台阶都有两组轮子，它们沿着两个分离的轨道转动。上部装置（靠近台阶顶部的轮子）与转动的链条相连，并由位于自动扶梯顶部的驱动链轮拉动。其他组的轮子只是沿着轨道滑动，跟在第一组轮子后面。

两条轨道彼此隔开，这样可使每个台阶保持水平。在自动扶梯的顶部和底部，轨道呈水平位置，从而使台阶展平。每个台阶内部有一连串的凹槽，以便在展平的过程中与前后两个台阶连接在一起。

除转动主链圈外，自动扶梯中的电动机还能移动扶手。扶手只是一条绕着一连串轮子进行循环的橡胶输送带。该输送带是精确配置的，以便与台阶的移动速度完全相同，让乘客感到平稳。

四、齿轮传动

齿轮是机械产品的重要基础零件。齿轮传动是传递机器动力和运动的主要形式之一。它与带传动、摩擦传动相比，具有功率范围大、传动效率高、传动比准确、使用寿命长、安全可靠等特点，因此齿轮已成为许多机械产品不可缺少的传动部件。齿轮的设计与制造水平将直接影响到机械产品的性能和质量。由于在工业发展中有突出地位，齿轮被公认为是工业化的一种象征。

1. 齿轮传动概述

（1）齿轮传动的特点

齿轮传动的优点有：能保证瞬时传动比的恒定，传动平稳，传递运动准确可靠；传递功率和速度范围大；传动效率高，可达 99%，在常用的机械传动中，齿轮传动的效率最高；结构紧凑，工作可靠，使用寿命长，与带传动、链传动相比，在同样的使用条件下，齿轮传动所需的空间一般较小。

齿轮传动的缺点有：与带传动、链传动相比，齿轮的制造及安装精度要求高，价格较贵；工作时有噪声；不能实现无级变速；不适宜中心距较大的场合。

（2）齿轮传动的类型。齿轮传动的类型有很多，如图 4-17 所示。

2. 齿轮传动在电梯中的应用

电梯曳引机是电梯的动力设备，又称电梯主机，功能是输送与传递动力使电梯运行。它由电动机、制动器、联轴器、减速器、曳引轮、机架和导向轮及附属盘车手轮等组成。

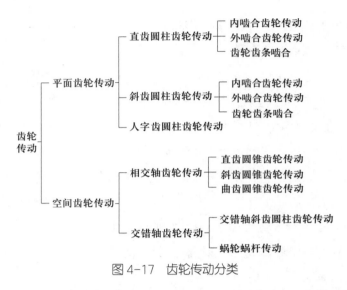

图 4-17　齿轮传动分类

　　曳引机可分为有齿轮曳引机和无齿轮曳引机。其中有齿轮曳引机的减速器有些就是用斜齿轮传动。减速器功能主要有两个：一是将电动机输出的转速降低到电梯系统需要的速度，同时提高输出扭矩，使电梯主机有足够的动力，确保电梯正常运行。二是降低电梯曳引系统的惯性，避免将曳引系统的巨大动能反作用于电动机。电梯减速器是通过减速器输入轴上齿数较少的齿轮与输出轴上大齿轮间的啮合传动达到使电动机减速的目的，电梯减速器中两组大小齿轮的齿数之比，就是电梯减速器的传动比。

五、蜗杆传动

1. 蜗杆传动概述

　　蜗杆传动是用来传递空间交错轴之间运动和动力的，它由蜗杆、蜗轮和机架组成。

　　（1）蜗杆传动的特点

　　蜗杆传动的优点有：传动比大，机构紧凑；蜗杆传动相当于螺旋传动，为多啮合传动，故传动平稳、振动小、噪声低；当蜗杆的导程角小于当量摩擦角时，可实现反向自锁，即具有自锁性。

　　蜗杆传动的缺点有：因传动时啮合齿面间相对滑动速度大，因此摩擦损失大，效率低；为减轻齿面的磨损及防止胶合，蜗轮一般使用贵重的减摩材料制造，因此成本高；对制造和安装误差很敏感，安装时对中心距的尺寸精度要求较高。

　　（2）蜗杆传动的类型。按蜗杆形状的不同，蜗杆传动可分为圆柱蜗杆传动、环面蜗杆传动和锥蜗杆传动，如图 4-18 所示。

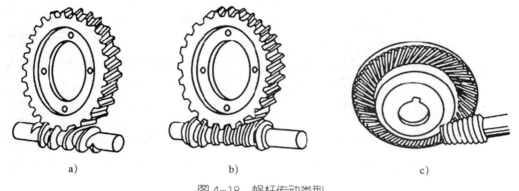

a)　　　　　　　　　b)　　　　　　　　　c)

图 4-18　蜗杆传动类型

a）圆柱蜗杆传动　b）环面蜗杆传动　c）锥蜗杆传动

2. 蜗杆传动在电梯中的应用

有齿轮曳引机的减速器常采用蜗杆传动，具有传动比大、结构紧凑、传动平稳、运行噪声低等优点，一般用于速度 2.0 m/s 以下的电梯。蜗杆传动型减速器的具体结构如图 4-19 所示。

输入法兰　　　　　　　　　　　　　　　　蜗杆

O形圈

油封　　　　　　　　　　　　　　　　　　闷盖

轴承

蜗轮

轴承　　　　　　　　　　　　　　　　　　铭牌

油封　　　　　　　　　　　　　　　　　　箱体

图 4-19　蜗杆传动型的减速器

六、钢丝绳传动

钢丝绳传动是靠紧绕在槽轮上的绳索与槽轮间的摩擦力来传递动力和运动的机械传动，能传递一定距离的平行轴或任意位置轴之间的旋转运动和直线运动，传动零件结构简单、加工方便，传动平稳，无噪声、振动和冲击；但传动精度低，只适宜传递较小的力和力矩。

1．钢丝绳概述

钢丝绳是先由多层钢丝捻成股，再以绳芯为中心，由一定数量股捻绕成螺旋状的绳，在物料搬运机械中，供提升、牵引、拉紧和承载之用。钢丝绳的强度高，自重轻，工作平稳可靠，不易骤然整根折断。

钢丝绳一般只用一根传递动力，它与槽轮的底部接触。为保证钢丝绳在槽轮上产生的弯曲应力不超过许用值，槽轮的直径至少应为钢丝绳索直径的 40 倍。通常钢丝绳的传动距离为 25 ~ 150 m。传动距离大于 150 m 时应设置中间滑轮，用以支托绳索。

（1）钢丝绳的组成。钢丝绳由钢丝、绳股和绳芯组成，如图 4-20 所示。钢丝是钢丝绳的基本强度单元，要求有很高的强度和韧性。绳股是由钢丝捻成的。相同直径与结构的钢丝绳，股数多的抗疲劳强度就高。电梯用钢丝绳的股数一般有 8 股或 6 股两种。

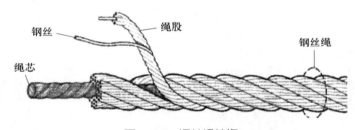

图 4-20　钢丝绳结构

绳芯即被绳股所缠绕的挠性芯棒，起支撑固定绳股的作用。绳芯分纤维绳芯和金属绳芯两种。常见电梯用钢丝绳是纤维绳芯，这种绳芯能增加绳的柔软性，还能起到存储润滑油的作用。

（2）钢丝绳的捻向和捻法。钢丝在绳股中和绳股在钢丝绳中的捻制螺旋方向称为捻向，股中丝的捻向同绳中股的捻向之间的关系称为捻法。

1）捻向分左捻和右捻两种。把钢丝绳（绳股）垂直放置观察，绳股（钢丝）的捻制螺旋方向，从中心线左侧开始向上、向右的捻向称右捻，可用符号"Z"表示；从中心线右侧开始向上、向左的捻向称左捻，可用符号"S"表示。

2）捻法分交互捻和同向捻两种。交互捻指股的捻向与绳的捻向相反，也叫逆捻。同向捻指股的捻向与绳的捻向相同，也叫顺捻。

根据捻向和捻法的相互配合，钢丝绳捻法分为右交互捻、左交互捻、右同向捻、左同向捻，如图 4-21 所示。右交互捻指的是钢丝绳为右捻，绳股为左捻；左交互捻指的是钢丝绳为左捻，绳股为右捻；右同向捻是指钢丝绳和绳股的捻向均为右捻；左同向捻是指钢丝绳和绳股的捻向均为左捻。

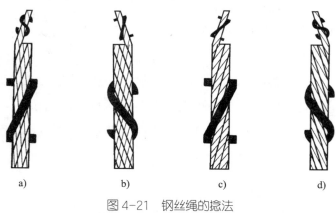

图 4-21　钢丝绳的捻法

a）右交互捻　b）左交互捻　c）右同向捻　d）左同向捻

（3）钢丝绳特性

1）交互捻钢丝绳特性。交互捻的钢丝绳从外形看，外层钢丝的位置几乎与钢丝绳的纵向轴线相平行，交互捻钢丝绳的特点如下。

①表面钢丝与其卷筒或滑轮表面接触长度较短，即支撑表面小磨损较快，并且在使用中，绳内钢丝受较大挤压时不易向两旁分开，容易产生不均匀磨损，钢丝易爆断。

②由于捻向不同，钢丝绳的内部钢丝排列位向不同，会引起其性能的差异，且捻制变形较大，柔软性较差，使用时钢丝所受的弯曲应力较大。

③由于交互捻捻制后绳和股内残余应力或受载时引起的旋转力矩可互相抵消一部分，不易引起钢丝绳松散和使用时的旋转（即松捻）。

④交互捻钢丝绳中钢丝与绳中心线倾斜仅在 0°～5°之间，表面外观平整，使用时平稳、振动小。

2）同向捻钢丝绳特性。同向捻钢丝绳从外形看，外层钢丝的位置与钢丝绳的纵向轴线相倾斜，倾斜角达 30°左右。同向捻钢丝绳的特点如下。

①使用时表层钢丝与卷筒或滑轮表面接触区域较长，即支撑表面大，因此耐磨性好。

②柔软性较好，有较好的抗弯曲疲劳性。

③由于捻向一致，捻成绳后的钢丝总弯扭变形较小，使用时绳内钢丝受力较均匀，对提高钢丝绳疲劳寿命也有利。

④自转性稍大，容易发生松捻和扭结现象，一般在两端固定的场合使用较为合适。

2. 钢丝绳传动在电梯中的应用

钢丝绳传动作为电梯的主要传动方式，已广泛应用于各类电梯。如图 4-22 所示，钢丝绳绕过电梯曳引机中的曳引轮以及导向轮，一端连接轿厢，一端连接对重，通过钢丝绳与曳引轮绳槽间的摩擦力作为电梯的曳引力，在电动机的驱动下，克服轿厢和对重间的重量差，使轿厢能够上、下运行。同等条件下，若钢丝绳与曳引轮绳槽间的摩擦力不足，则曳引力无法满足要求，钢丝绳会出现打滑，导致电梯存在安全隐患。

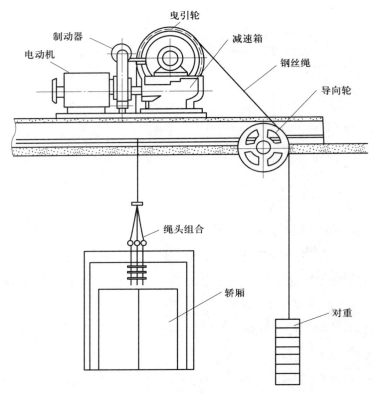

图 4-22　电梯曳引传动结构

除此之外，钢丝绳传动是电梯门系统中的层门装置和开关门机构主要传动方式之一。图 4-23 为采用钢丝绳传动的层门装置结构图，联动钢丝绳绕过联动钢丝绳导向轮，通过调节螺母固定在层门装置的底板上，提供足够的张紧力。右侧的层门挂板沿门扇导轨移动，在钢丝绳与导向轮绳槽间摩擦力的作用下，带动导向轮转动，使左侧的门扇挂板能够同时沿门上导轨反方向移动。

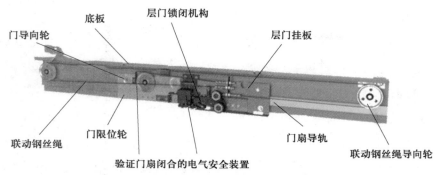

门导向轮　底板　层门锁闭机构　层门挂板

联动钢丝绳　门限位轮　门扇导轨　联动钢丝绳导向轮

验证门扇闭合的电气安全装置

图 4-23　采用钢丝绳传动的层门装置结构图

七、轴承

1. 轴承概述

轴承是支撑轴的零件，能保持轴的正常工作位置和旋转精度，是机器的重要组成部分，也是电梯中的重要零件。它的制造精度是以微米级来计量的。按照摩擦类型不同，轴承可分为滑动轴承及滚动轴承。

滑动轴承是在滑动摩擦下工作的轴承。滑动轴承工作平稳可靠，无噪声。在液体润滑条件下，滑动表面被润滑油分开而不发生直接接触，可以大大减小摩擦损失和表面磨损。但滑动轴承启动摩擦阻力较大。

滚动轴承由内圈、外圈、滚动体和保持架等元件组成。工作时滚动体在内、外圈的滚道上滚动，形成滚动摩擦。与滑动轴承相比，滚动轴承接触面小（球轴承为点接触，滚子轴承为线接触），摩擦系数小，发热少，磨损少，精度保持性好，适宜在较高的转速下运转；但承载能力稍差，抗振性较差。滚动轴承结构如图 4-24所示。

2. 轴承在电梯中的应用

电梯中既有滑动轴承，又有滚动轴承。滑动轴承受速度和载荷的限制，应用较少。与滑动轴承相比，滚动轴承的特点是启动灵敏，运转时摩擦力矩小，效率高，润滑方便，易于更换，轴承间隙可预紧、调整，但抗冲击能力差。电梯中只要能看到有转动的地方就有轴承，如曳引机主轴、导向轮主轴、门机皮带轮、滚动导靴、旋转编码器、限速器、轿门和层门上用

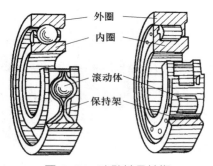

外圈
内圈
滚动体
保持架

图 4-24　滚动轴承结构

的挂板轮、联动钢丝绳反绳轮等。

（1）曳引机。曳引机是曳引电梯中最为关键的核心部件，曳引机中的轴承要求也最高，其应用条件是重载、低速、外圈正反旋转，并保证密封效果等。曳引机中使用的轴承有滑动轴承也有滚动轴承，滚动轴承代表型号有：深沟球轴承6214-2RS，圆锥滚子轴承3211ATN/V1、33206/V、KTHM807045，调心滚子轴承23024ACA/W33A，圆锥滚子轴承NU211、N216。

（2）导向轮。导向轮主要作用是增大轿厢与对重间的距离，并改变钢丝绳的运动方向。导向轮轴承的应用条件是重载、低速、外圈正反旋转。轴承的技术要求是噪声低、使用寿命长、可靠性高、抗冲击载荷。直梯导向轮主要轴承型号有22214、6311、6214、6218等。

（3）门机。曳引电梯门机轴承的应用条件是轻载、低速、外圈旋转，同时要求噪声低、密封性好、可靠性高。门机主要轴承型号有6202、6902等。

（4）导靴。曳引电梯导靴可防止轿厢或对重在运行过程中偏斜或摆动，起到减震和降低阻力的作用，导靴轴承的应用条件是重载、低速、外圈正反旋转。轴承技术要求是噪声低、使用寿命长、可靠性高、抗冲击载荷。导靴可分为滑动导靴和滚动导靴两类，如图4-25所示为滚动导靴。每个直梯有8套滚动导靴，滚动导靴主要轴承型号有6201、6202、6203等。

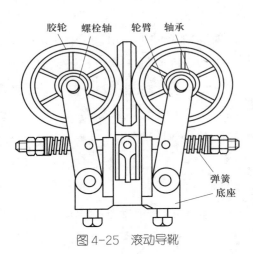
图4-25　滚动导靴

（5）旋转编码器。旋转编码器轴承的尺寸精度和旋转精度要求高，达到P5级，启动和运转力矩小，旋转灵活，润滑轴承具有低挥发性能，可避免影响信号采集，主要用6801、696、695、608等薄壁轴承。

八、键连接

键是一种标准零件，通常用来实现轴与轮毂之间的周向固定以传递转矩，有的还能实现轴上零件的轴向固定或轴向移动导向。

键连接按键的结构形式可分为平键连接、半圆键连接、楔键连接和切向键连接。

平键连接的工作原理：平键的下半部分装在轴上的键槽中，上半部分装在轮毂的键槽中。键的顶面与轮毂之间有少量间隙，键靠侧面传递扭矩。轮毂与轴通过圆柱表面配合实现轮毂中心与轴心的对中，如图 4-26 所示。

在电梯主机上，编码器和主轴通过平键连接在一起，如图 4-27 所示。主机转动的时候，编码器跟着转动，实现了运动和动力的传递，同时把速度反馈给变频器，旋转编码器用来监测电梯速度，用来实现闭环控制电梯。电梯控制系统通过旋转编码器检测转速，并通过计算来获得轿厢直线运动数据。另外有的电梯还通过旋转编码器测速并配合抱闸装置来实现上行超速保护功能。

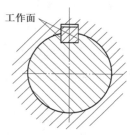

图 4-26　平键连接

图 4-27　编码器与主轴连接

理论知识复习题

一、判断题（将判断结果填入括号中，正确的填"√"，错误的填"×"）

1. 机器是根据某种使用要求而设计制造的一种能执行某种机械运动的装置，在接受外界输入能量时，能变换和传递能量、物料和信息。（　　）

2. 机构是由多种实体（如齿轮、螺钉、连杆、叶片等）组合而成，各实体间具有确定的相对运动。（　　）

3. 机器只能由一种机构组合而成。（　　）

4. 齿轮传动可以实现无级变速。（　　）

5. 蜗杆传动是用来传递空间交错轴之间运动和动力的，它由蜗杆、蜗轮和机架组成。（　　）

二、单项选择题（选择一个正确的答案，将相应的字母填入题内的括号中）

1. 在连杆机构中，若各运动构件均在相互（　　）的平面内运动，则称为平面连杆机构。

A. 垂直　　　　　B. 平行　　　　　C. 交叉　　　　　D. 连接

2. （　　）由钢丝、绳芯及绳股组成。

A. 钢丝绳　　　　B. 带　　　　　　C. 链　　　　　　D. 齿轮

3. 齿轮传动的效率可达到（　　）。

A. 99%　　　　　B. 80%　　　　　C. 60%　　　　　D. 40%

4. 与带传动、链传动相比，齿轮的制造及安装精度要求（　　）。

A. 低　　　　　　B. 相同　　　　　C. 高　　　　　　D. 不能确定

5. （　　）是电梯的动力设备，又称电梯主机。

A. 曳引机　　　　B. 限速器　　　　C. 安全钳　　　　D. 涨紧轮

6. 为保证钢丝绳在槽轮上产生的弯曲应力不超过许用值，槽轮的直径至少应为钢丝绳索直径的（　　）倍。

A. 10　　　　　　B. 20　　　　　　C. 30　　　　　　D. 40

7. 电梯用钢丝绳的股数一般有（　　）股或（　　）股两种。

A. 8　6　　　　　B. 2　3　　　　　C. 4　5　　　　　D. 9　10

8. 同向捻钢丝绳从外形看，外层钢丝的位置与钢丝绳的纵向轴线相倾斜，倾斜角达（ ）左右。

A. 10° B. 20° C. 30° D. 40°

9.（ ）主要作用是增大轿厢与对重间的距离，并改变钢丝绳的运动方向。

A. 导轨 B. 导向轮 C. 限速器 D. 缓冲器

10. 钢丝绳传动距离大于（ ）m 时应设置中间滑轮，用以支托绳索。

A. 60 B. 90 C. 120 D. 150

理论知识复习题参考答案

一、判断题

1. √ 2. √ 3. × 4. × 5. √

二、单项选择题

1. B 2. A 3. A 4. C 5. A 6. D 7. A 8. C 9. B 10. D

职业模块 ⑤

电气基础知识

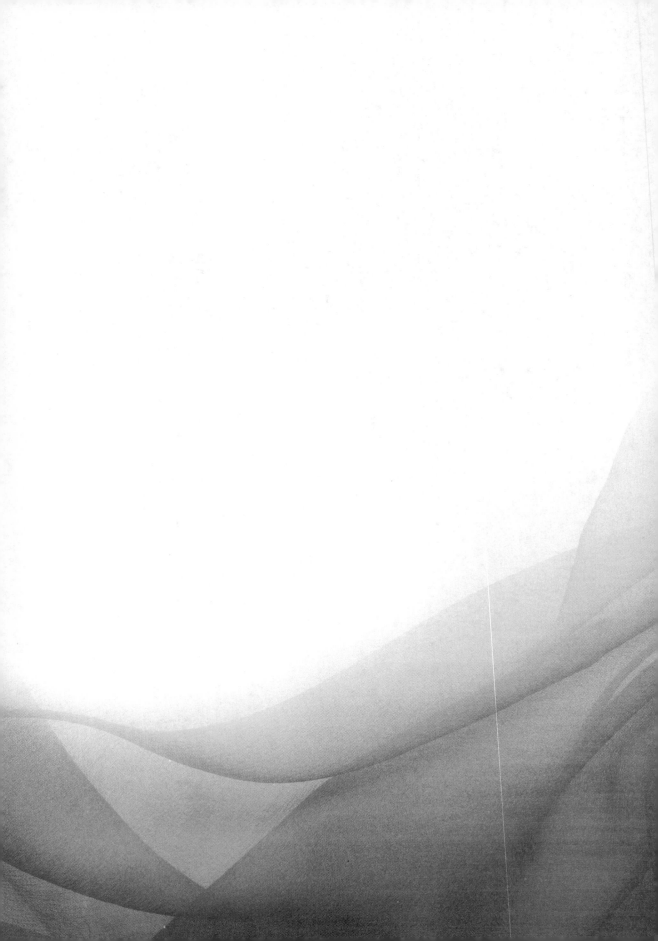

培训项目　1

直流电路基本知识

了解电路及其物理量

熟悉欧姆定律

一、电路

电路是由金属导线和电气、电子部件组成的导电回路。图 5-1 为一个简单照明电路，由三部分组成：电池、灯泡和导线。其中电池作为电源提供电能，灯泡作为负载取用电能，导线作为中间环节传递电能。实际电路常借助于电压或电流实现电能的传输、分配与转换或是信号传递与处理等功能。

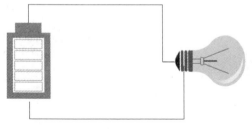

图 5-1　简单照明电路

二、电路的物理量

1. 电流

秋冬季节脱衣服的时候，常常会伴随着噼里啪啦的声响，这就是电荷的作用。当一根导线连接到电池的两端时，将迫使电荷移动，电荷的定向移动形成电流。

电流的大小由单位时间内通过某一横截面的总电荷决定，电流的单位是安培（A），简称"安"。电流也常用千安（1 kA=10^3 A）、毫安（1 mA=10^{-3} A）、微安（1 μA=10^{-6} A）表示。

电学中规定：以正电荷的运动方向为电流方向。

143

2. 电压

电压是电路中自由电荷定向移动形成电流的原因。电压的单位是伏特（V），常用的电压单位还有千伏（1 kV=10³ V）和毫伏（1 mV=10⁻³ V）。

三、欧姆定律

19世纪20年代，德国物理学家欧姆就对电流跟电阻和电压之间的关系进行了大量实验研究，发现对大多数导体而言，当电阻R两端施加电压 U 时，如图5-2所示，电阻中就有电流 I 流过，并且流过电阻的电流与电阻两端的电压成正比，这就是欧姆定律，它是分析电路的基本定律。

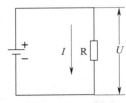

图5-2　欧姆定律例图

欧姆定律可以用下式来表示：

$$I = \frac{U}{R}$$

同一个电阻，电阻的阻值与电流大小和电压大小无关。由上式可见，加在这个电阻两端的电压增大时，通过的电流也增大；当电流一定时，电阻越大，则电阻两端的电压就越大；当电压不变时，电阻越大，则通过的电流就越小，显然电阻具有对电流阻碍的物理特性。

培训项目 **2**

交流电路基本知识

培训重点

了解单相正弦交流电的概念

熟悉三相电源的联结方式

熟悉三相电源与负载的接法

一、单相正弦交流电

电流流过的回路称为电路，也称导电回路。电路中，电流方向不随时间变化而变化的，称其为直流电路，直流电路中的电流是直流电流（DC）；电流大小和方向都随时间变化而变化的，称其为交流电路，交流电路中的电流是交流电流（AC）。

如图 5-3 所示，交流电路的电压或电流随时间作周期性变化。在日常生活和生产中所用的交流电，一般是正弦交流电，对正弦交流电一般从幅值、频率和初相位三个方面来描述。

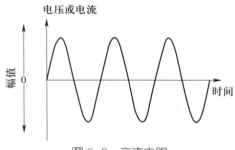

图 5-3　交流电路

1. 峰值与有效值

正弦量在任一瞬间的值称为瞬时值，用小写字母来表示，如 i，u 分别表示电流和电压的瞬时值。瞬时值中最大的值称为峰值，用带下标 m 的大写字母来表示，如 I_m，U_m 分别表示电流和电压的峰值。

正弦电流和电压的大小常用有效值来计量，有效值是根据电流的热效应来规定的，电流和电压的有效值分别用 I 和 U 表示。某交流电流 i 通过电阻 R 在一个周期内产生的热量，和另一个直流电流通过同样大小的电阻在相等的时间内产生的热量相当，那么这个交流电流 i 的有效值在数值上就等于这个直流电流 I。

当交流电压为正弦量时，则电压有效值 $U=\dfrac{U_m}{\sqrt{2}}$。

2. 频率

正弦量变化一个周期所需的时间称为周期 T。每秒内变化的次数称为频率 f，它的单位是赫兹（Hz）。在我国采用 50 Hz 作为电力标准频率，而美国等国家则采用 60 Hz。频率是周期的倒数，即：

$$f=\frac{1}{T}$$

正弦量变化的快慢除用周期和频率表示外，还可用角频率 ω 来表示。角频率计算公式为：

$$\omega=\frac{2\pi}{T}=2\pi f$$

角频率的单位是弧度每秒（rad/s）。

3. 初相位

正弦电流和电压是随时间而变化的，正弦电流瞬时值可以用下式表示：

$$i=I_m\sin(\omega t+\varphi)$$

其中 φ 为初相位，图 5-4 为一条正弦波曲线。

二、三相交流电

目前，在世界各国的电力系统中，电能的生产、传输绝大多数都采用三相制。平衡的三相电源是由 3 个频率相同、幅值相等、初相位依次滞后 120° 的正弦电压源组成的电源，这 3 个电源依次称为 U 相、V 相和 W 相，它们的电压瞬时值表达式为：

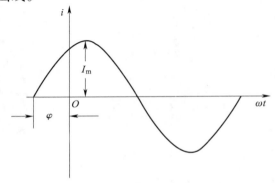

图 5-4　正弦波的幅值与相位

$$u_{\mathrm{U}}=\sqrt{2}\,U\sin\omega t$$
$$u_{\mathrm{V}}=\sqrt{2}\,U\sin(\omega t-120°)$$
$$u_{\mathrm{W}}=\sqrt{2}\,U\sin(\omega t+120°)$$

上述三相电压的相序 U，V，W 称为正相序，如果任意交换其中两相，这种相序则称为逆相序。

图 5-5a 所示为三相电源的星形联结方式，简称 Y 形电源。从电源正极性端子向外引出的导线 L1、L2、L3 称为端线或相线，从中性点 N 引出的导线称为中性线或零线。图 5-5b 为三相电源的三角形联结方式，简称 △ 形电源。把三相电压源依次连接成一个回路，再从三个端子各引出端线，三角形电源不引出中性线。

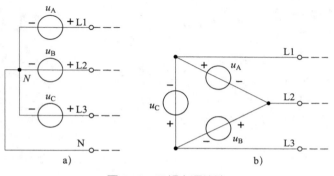

图 5-5　三相电源接法

a）星形联结　b）三角形联结

三、三相电源与负载的接法

三相电路的负载由三部分组成，其中每一部分称为一相负载。三相电路中负载的接法也有两种：星形联结和三角形联结，如图 5-6 所示。至于负载该接在相线之间还是相线与中性线之间，应视额定电压是 380 V 还是 220 V 而定。

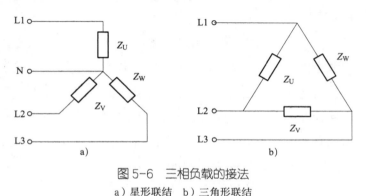

图 5-6　三相负载的接法

a）星形联结　b）三角形联结

培训项目 **3**

电工识图基本知识

培训重点

了解电气电路图的分类与组成
掌握常用电气图形符号与基本文字符号

一、电气电路图的分类与组成

电气电路图包括电气原理图和电气安装接线图两种。电气原理图是电气工程技术人员分析实际机电设备电路原理的蓝图；电气安装接线图是电气工程技术人员对实际电气设备电路接线的指导图。读懂电气电路图也是电梯安装维修人员最基本的要求。

1. 电气原理图

电气原理图是用来表明设备电气的工作原理及各电气元件的作用、相互之间的关系的一种表示方式，它并不考虑实际电气设备和控制器件的真实结构和安装位置。掌握识读电气原理图的方法和技巧，对于分析电气线路、发现故障点、排除电路故障和编写程序是十分有益的。

电气原理图一般分主电路和辅助电路。主电路包括从电源到电动机之间相连的电器元件，一般由组合开关、主熔断器、接触器主触点、热继电器的热元件和电动机等组成，其流过电流比较大，主要负责能量的传输；辅助电路是除主电路以外的电路，包括控制电路、信号电路和保护电路等，通常由按钮、接触器和继电器的线圈及辅助触点、热继电器触点、保护电器触点等组成，其流过的电流比较小，主要负责信号的传递与处理等功能。

2. 电气安装接线图

电气安装接线图分为控制器件板面布置图和控制器件接线图两种。控制器件板面布置图主要反映各控制器件在配电板（盘）上的位置、控制器件间的距离以及固定各控制器件所需的钻孔位置和钻孔尺寸。控制器件接线图主要反映各控制器件之间连线及具体的连接方法。

二、常用电气符号

电气符号包括电气图形符号和电气设备及控制器件的文字符号两种。

1. 电气图形符号

电气电路图中常以具有某些特征的图形来具体表达器件或设备，这类图形称为电气图形符号。电气图形符号分为基本图形符号、一般图形符号和明细符号三种。

（1）基本电气图形符号。基本电气图形符号不代表具体的设备和器件，只是表明某些特征或者接线方式。例如，用符号"−"表示负极；用"Y"表示绕组的星形接法。基本电气图形符号可以标注在设备或器件明细符号的旁边或内部。

（2）一般图形符号。一般图形符号用于代表某一类器件或设备。

（3）明细符号。明细符号则用于代表具体器件或设备。

表 5-1 是常用电气器件和设备的图形符号。

表 5-1　常用电气器件和设备图形符号

名称	图形符号	名称	图形符号
继电器、接触器线圈	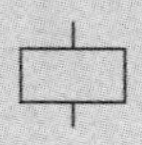	延时断开的动断触点	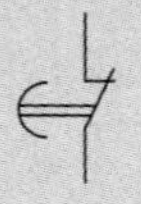
按钮开关（动断按钮）		电阻器的一般符号	
按钮开关（动合按钮）	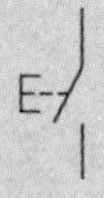	可调电阻器	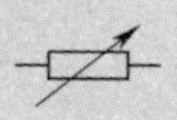
位置开关和限位开关的动断触点		带滑动触点的电阻器	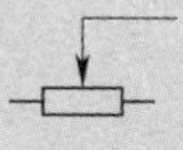

名称	图形符号	名称	图形符号
位置开关和限位开关的动合触点		电容器的一般符号	
开关一般符号（动合）		极性电容器	
开关一般符号（动断）		二极管一般符号	
热继电器动断触点		发光二极管	
接触器动合触点		电压调整二极管	
接触器动断触点		NPN 型半导体三极管	
热继电器驱动器件		PNP 型半导体三极管	
三相鼠笼式感应电动机		桥式全波整流器	
延时闭合的动合触点		整流器	
延时断开的动合触点		双绕组变压器	
延时闭合的动断触点		并励直流电动机	

2. 基本文字符号

基本文字符号是表示电气器件和设备种类的文字符号。基本文字符号分为单字母符号和双字母符号两种。

（1）单字母符号。用英文字母将电气器件和设备划分为 23 大类，每个大类用一个专用单字母符号来表示。

（2）双字母符号。双字母符号是由一个表示种类的单字母符号与另一个字母组成，其中表示种类的单字母符号在前，另一个字母在后。例如"QF"表示断路器，其中"Q"为电力电路的开关器件的单字母符号。通常用双字母符号能更详细更具体表述电气器件和设备。

表 5-2 为常用电气器件和设备基本文字符号。

表 5-2 常用电气器件和设备基本文字符号

序号	设备、装置和元器件种类	名称	单字母符号	双字母符号
1	组件、部件	电桥	A	AB
		晶体管放大器		AD
2	电容器	电容器	C	
3	信号器件	声响指示器	H	HA
		指示灯		HL
4	继电器、接触器	继电器	K	
		交流继电器		KA
		接触器		KM
		延时有或无继电器		KT
5	电动机	电动机	M	
		可做发电机或电动机用的电机		MG
		同步电动机		MS
6	测量设备、试验设备	电流表	P	PA
		电度表		PJ
		电压表		PV
7	电力电路的开关器件	断路器	Q	QF
		电动机保护开关		QM
		隔离开关		QS
8	电阻器	电阻器、变阻器	R	
		电位器		RP

序号	设备、装置和元器件种类	名称	单字母符号	双字母符号
9	控制、记忆、信号电路的开关器件选择器	控制开关	S	SA
		选择开关		SA
		按钮开关		SB
		压力传感器		SP
		位置传感器		SQ
		转数传感器		SR
		温度传感器		ST
10	变压器	变压器	T	
		电流互感器		TA
		控制电路电源用变压器		TC
		电力变压器		TM
		电压互感器		TV
11	调制器、变换器	整流器	U	
		变频器		
		逆变器		
		编码器		
12	电子管、晶体管	二极管	V	
		晶体管		
		晶闸管		
		控制电路用电源的整流器		VC
		电子管		VE
13	端子、插头、插座	接线柱	X	
		连接片		XB
		测试插孔		XJ
		插头		XP
		插座		XS
		端子板		XT

152

续表

序号	设备、装置和元器件种类	名称	单字母符号	双字母符号
14	电气操作的机械器件	电磁铁	Y	YA
		电磁制动器		YB
		电磁离合器		YC
		电磁阀		YV

培训项目 **4**

变压器基本知识

培训重点

了解变压器的用途与分类

熟悉变压器的结构、工作原理与绕组极性

了解变压器的铭牌数据

熟悉控制变压器的使用

变压器是一种常见的电气设备，是输配电系统及用电方面不可缺少的重要电力设备之一，它对电能的经济传输、灵活分配与安全使用具有重要的意义。变压器的种类很多，但是它们的基本构造和工作原理是相同的。下文将以一般用途的电力变压器为主，介绍变压器的基本原理与运行特性。

一、变压器概述

1. 变压器的用途

远距离输送交流电通常采用高压输电，因为在相同输电功率的情况下，电压越高，线路电流越小，从而可以降低电流产生的热损耗和远距离输电的材料成本。为此，需要用升压变压器把发电机输出的电压升到较高的输电电压。

在用电方面，各类用电器所需的电压不尽相同。例如，多数用电器使用220 V、380 V 电压，从安全角度考虑，接触器线圈回路一般采用 110 V 的电压，而电梯轿顶照明灯采用 36 V 的电压，电梯操纵箱和呼梯盒按钮仅采用 24 V 安全电压。因此，在用电之前，要利用变压器将电网高电压变换成负载所需的低电压。

变压器是用来把某一数值的交流电压变换成同频率的另一数值的交流电压，以便于电能的输送和分配，满足不同用户的电压需求。变压器除了能改变电压外，还可改变电流、变换阻抗、改变相位、传输信号、测量电荷量等，在电力系统和电子线路中应用广泛。

2. 变压器的分类

为了适应不同的使用目的和工作条件，变压器有许多种类型，且各种类型的变压器在结构、性能上差异也很大。变压器分类方法主要有以下几种。

（1）按用途分，主要有输配电用的电力变压器，冶炼用的电炉变压器，电解用的整流变压器，焊接用的电焊变压器，实验用的调压器，用于测量高电压、大电流的仪用变压器等。

（2）按绕组数目分，有双绕组变压器、三绕组变压器、自耦变压器等。

（3）按变压器输入电源相数分，有三相变压器、单相变压器。

（4）按冷却方式分，有干式变压器、油浸式变压器等。

3. 变压器的结构

变压器中的最主要部件是铁芯和线圈，铁芯和线圈装配在一起称为器身。油浸式变压器的器身放在油箱里，油箱中注满了变压器油，油箱外装有散热器，油箱上部还装有储油柜、安全气道、绝缘套管等。

（1）线圈。变压器线圈一般有两个或两个以上的绕组，其中接电源的绕组叫一次绕组，绕组匝数用字母 N_1 表示。其余的绕组叫二次绕组，用字母 N_2、N_3 等表示，如图 5-7 所示。变压器的符号如图 5-8 所示。绕组是变压器的电路部分，要求各部分之间相互绝缘，常用高强度漆包线绕制而成。为了使绕组便于制造且具有良好的机械性能，一般把绕组做成圆筒形。高压绕组的匝数多，导线细；低压绕组的匝数少，导线粗。高、低压绕组同心地安装在铁芯柱上，低压绕组靠近铁芯柱，高压绕组再套在低压绕组外面，高、低压绕组之间以及绕组与铁芯柱之间要可靠绝缘。

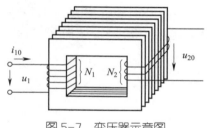

图 5-7　变压器示意图

图 5-8　变压器符号（双绕组变压器）

（2）铁芯。铁芯是变压器中耦合磁通的主磁路，应采用磁导率高、磁滞和涡流损耗小的铁磁性材料，以增强磁感应强度，减小变压器体积和铁芯损耗。目前，变压器铁芯大都由单片厚为 0.35 mm 或 0.5 mm、表面涂有绝缘漆的硅钢片叠装而成，其作用是构成闭合的磁路。常用的铁芯的形式有芯式和壳式，如图 5-9、图 5-10 所示，目前多采用芯式铁芯。

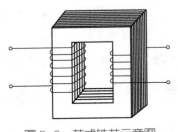
图 5-9　芯式铁芯示意图

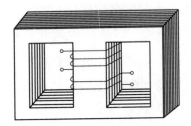
图 5-10　壳式铁芯示意图

4. 变压器的工作原理

变压器是利用电磁感应原理，从一个电路向另一个电路传递电能或传输信号的一种电器，其变压、变流的原理分述如下。

（1）变压器的变压原理（空载运行）。变压器的一次绕组接交流电源，加上额定电压，二次绕组开路（不接负载）的情况，称为空载运行。由于二次侧开路，在一、二次绕组内分别产生感应电压 U_1 和 U_{20}，并且：

$$\frac{U_1}{U_{20}} = \frac{N_1}{N_2} = K$$

也就是说，变压器空载运行时，一、二次电压的比值等于一、二次绕组的匝数比，比值 K 称为变压器的电压比。当一、二次绕组匝数不同时，变压器就可以把某一数值的交流电压变换为同频率的另一数值的交流电压，这就是变压器的电压变换作用。当变压器的 $N_2<N_1$，即 $K>1$ 时，称为降压变压器；反之，当 $N_2>N_1$，即 $K<1$ 时，称为升压变压器。

（2）变压器的变流原理（负载运行）。变压器的一次侧接电源，二次侧与负载接通，这种运行状态称为负载运行。二次绕组接上负载后，经过一、二次绕组的交链形成的磁耦合，产生电压 U_2，二次绕组就有电流 I_2 流过，从而有电能输出。一、二次绕组电流的关系为：

$$\frac{I_1}{I_2} \approx \frac{U_2}{U_1} = \frac{N_2}{N_1} = \frac{1}{K}$$

其中 $1/K$ 称为变压器的电流比。显然：变压器在改变电压的同时也改变了电流，即变压器还可以变换电流。同时可以看出变压器的一、二次绕组中电压高的一边电流小，电压低的一边电流大。

变压器除了变换电压和变换电流外，还可以变换阻抗，以实现阻抗"匹配"。

5. 变压器绕组的极性

在使用变压器或者其他有磁耦合的互感线圈，特别是多绕组情况时，要注意线圈的正确连接，不慎接错有时会导致线圈被烧毁。

如图 5-11 所示的两线圈，若其属于变压器的同一边时，串联连接只能是 2 与 4 连（或 1 与 3 连），若 1 与 4 连（或 2 与 3 连）则其产生的两磁通等值反向，互相抵消。绕组中将因电流过大而把变压器烧毁。即使是并联连接，也有上述现象发生。而若线圈匝数不相同时，除并联连接使用不允许外，串联连接也会有两磁通相加或相减之别，使其输出电压不同。

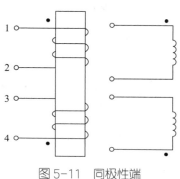

图 5-11　同极性端

为此，我们为线圈定义所谓同极性端，并以记号"·"标注，定义为：（多）绕组产生同向磁通时对应的电流流入端（或流出端），称为绕组的同极性端（俗称同名端）。如图 5-11 中的 1 和 4 便为同名端（当然 2 和 3 也是）。这样，当电流由同名端流入（或流出）时，产生的磁通方向相同；由异名端流入（或流出）时，磁通相消。

6. 变压器的铭牌数据

每台变压器都在醒目的位置上装有一个铭牌，铭牌上标明了变压器的型号和额定值。

（1）型号。变压器型号由字母和数字两部分组成，字母代表变压器的基本结构特点，数字代表额定容量（单位 kVA）和高压侧的额定电压（单位 kV），例如：

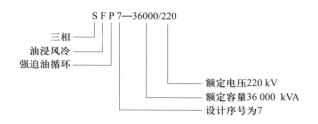

（2）额定值。额定值是指制造厂商按照国家标准，对变压器正常使用时的有关参数所做的限额规定。在额定值下运行，可保证变压器长期可靠地工作，并具有良好的性能。变压器只能在额定值下运行，不能超负荷运行。

额定值主要包括额定容量 S_N、额定电压 U_{1N}/U_{2N}、额定电流 I_{1N}/I_{2N} 和额定频率 f_N。电力变压器铭牌上除上述额定值外还标明了温升、连接组别、阻抗电压等数据。

二、控制变压器

在低压配电系统中，控制变压器因多用于控制系统而得名。控制变压器如图 5-12 所示，主要适用于交流 50 Hz（或 60 Hz）、电压 1 000 V 及以下电路中，在额定负载下可连续长期工作。控制变压器是一种小型的干式变压器，在电气设备中作为控制电路电源。它实际上是一个具有多种输出电压的降压变压器，也可用作低压照明及信号灯、指示灯的电源。

图 5-12　控制变压器

使用控制变压器时应注意两点。一是二次侧所接负载的总功率不得大于控制变压器的功率，更不允许短路，否则将导致变压器温度太高，严重时将烧毁。二是控制变压器的一、二次侧接线不得接错，尤其是一次侧接线更不能接错。一次侧应配接的电压值均标注在它的接线端上，绝不允许把 380 V 的电源线接在 220 V 接线端子上，但可以把 220 V 电源线接在 380 V 接线端子上，此时二次侧所有输出电压将降低 1.73 倍。二次侧负载应根据其额定电压值接在相应的接线端子所在回路上，例如 110 V 的交流接触器线圈应接在 110 V 接线回路上，36 V 照明灯泡应接在 36 V 接线回路上，24 V 的指示灯应接在 24 V 接线回路上。

培训项目 5

常用电动机基本知识

培训重点

了解直流电动机的结构和工作原理

了解直流电动机的启动、调速和制动

熟悉三相异步电动机的结构和工作原理

熟悉三相异步电动机的启动、调速、反转和制动

了解三相异步电动机的铭牌数据

了解永磁同步电动机的结构、工作原理与优点

电梯常使用电动机作为各运动部件的动力源，电动机可以把电能转换为机械能。电动机种类很多，型号各异，用途不同。直流电动机、异步电动机和同步电动机是电动机的三大类型。异步电动机由于结构简单，价格低廉，制造、使用和维护方便，工作可靠，效率高以及容易实现自动控制等原因获得了广泛应用。只有在需要均匀调速地生产或运输的机械设备中，异步电动机才让位于直流电动机。目前中低速梯已基本淘汰直流电动机，高速梯中直流电动机还有应用。单相异步电动机广泛用于家用电器（如电扇、洗衣机、油烟机等），电动工具，医疗器械等设备中，其结构简单、使用方便、成本低廉，只需单相电源，但与同容量的三相异步电动机相比，单相异步电动机的体积较大，运行性能差，因此只做成几十到几百瓦的小容量电动机。通常曳引机组多数采用三相异步电动机，但近年来永磁同步电动机无齿轮曳引机组因节能、环保等特点也被广泛采用。本节将重点介绍三相异步电动机，并对直流电动机、永磁同步电动机的工作原理作简要介绍。

一、直流电动机

由直流电源供电的电动机称为直流电动机。直流电动机是最早发展起来的一种直流电能和机械能相互转换的电动机，它的工作原理建立在电磁感应定律和电磁力定律的基础上。直流电动机具有启动转矩大、调速范围广、调速平滑、调速能量消耗较少等优点。对启动性能和调速性能要求高的生产机械（例如大型矿井提升机、电机车及挖掘机等）常用直流电动机作为原动机，组成直流拖动系统。

1. 直流电动机的结构

直流电动机的实体结构比较复杂，这里只介绍直流电动机的主要组成部分。直流电动机由定子和转子构成，静止部分称为定子，转动部分称为转子。

2. 直流电动机的工作原理

不论直流电动机的结构多么复杂，其工作原理都是通电线圈在磁场中受电磁力的作用而旋转。电磁力的大小由处于磁场中的线圈有效长度、磁感应强度和通过线圈的电流强度确定。所以只要把电枢铁芯上的槽数和槽内线圈的匝数增多（换向器中的换向片数也要相应增加），就可以增加电磁转矩来满足生产机械功率的需要。

3. 直流电动机的启动、调速和制动

直流电动机按励磁方式分为他励、并励和串励等形式，最常用的是他励直流电动机。

（1）他励直流电动机的启动。在启动初始瞬间，电流将达到额定电流的10~20倍，超过他励直流电动机的过载电流。所以他励直流电动机不允许直接启动。他励直流电动机在启动时必须满足两个条件：一个是满磁场，以便尽快建立起启动转矩和反电动势，另一个是电枢回路串联电阻或降低电源电压，以减小启动电流。

（2）他励直流电动机的调速。他励直流电动机的调速方法有三种：电枢串联电阻、弱磁、调压。

（3）他励直流电动机的制动。他励直流电动机的制动方法有能耗制动、反接制动和回馈制动等。

二、交流异步电动机

1. 三相异步电动机的结构

三相异步电动机的种类、规格较多，但在结构上主要是由静止的定子和转动

的转子两部分组成，除此以外，还有嵌放定子和支撑转子的机座及端盖、轴承、接线盒、风扇等附件。其实物示意如图 5-13 所示。

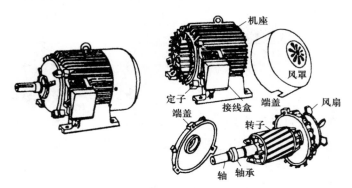

图 5-13　三相笼型异步电动机的构造

（1）定子。定子主要功能是从电网吸收电能产生旋转磁场，带动转子转动。定子一般由定子铁芯、定子绕组和机座三部分组成。

（2）转子。转子主要功能是与定子铁芯构成完整磁路产生电磁转矩，输出机械能。转子一般由转子铁芯、转子绕组和转轴等组成。

2. 三相异步电动机的工作原理

在电动机定子绕组中通入三相对称交流电流后，产生旋转磁场。旋转磁场的磁力线切割转子绕组，转子绕组就感应出电动势，形成闭合回路就有感应电流，该电流与旋转磁场相互作用，使转子受到电磁转矩，转子便转动起来。

（1）旋转磁场的转速。一般情况下，当旋转磁场磁极对数为 p 时，磁场的旋转速度为：

$$n_0 = \frac{60f_1}{p}$$

式中　n_0——旋转磁场旋转速度（又称同步转速），r/min；

　　　　f_1——三相交流电频率，Hz；

　　　　p——磁极对数。

由上式可知，旋转磁场的转速 n_0 的大小与交流电频率 f_1 成正比，与磁极对数 p 成反比。其中 f_1 是由异步电动机的供电电源频率决定，而 p 由三相绕组的各相线圈串连多少决定。通常对于一台具体的异步电动机，f_1 和 p 都是确定的，所以磁场转速 n_0 为常数。

在我国，工频 f_1 = 50 Hz，于是由上式可得出对应于不同磁极对数 p 的旋转磁场转速 n_0，见表 5-3。

表 5-3　旋转磁场的转速 n_0 与磁极对数 p 的关系

p	1	2	3	4	5	6
n_0（r/min）	3 000	1 500	1 000	750	600	500

（2）旋转磁场的转向。旋转磁场的旋转方向与通入的三相电流相序一致。电动机定子三相绕组 U1U2、V1V2、W1W2 按三相电源 L1—L2—L3 的相序接到三相电源上时，U1U2 绕组的电流先达到最大值，其次是 V1V2 绕组，再次是 W1W2 绕组。这时定子三相绕组中的电流是按顺时针方向排列的，旋转磁场也是按顺时针方向转动的。如果将电源接到定子绕组上的三根引线中的任意两根对调一下，如将电源 L2 相进线接到原来的 W1W2 绕组上，电源 L3 相进线接至原来的 V1V2 绕组上，定子三相绕组中的电流相序就按逆时针方向排列，在这种情况下产生的旋转磁场将按逆时针方向旋转。由此可见，要使旋转磁场反转，只要改变通入电动机定子绕组的三相电流相序，即只要把接到定子绕组上的任意两根电源线对调就可实现。异步电动机的转向控制也正是根据这一原理来实现的。

3. 三相异步电动机的转差率

虽然电动机的转动方向与旋转磁场的转动方向相同，但旋转磁场的转速 n_0 与电动机转速 n 是不同的。电动机的转速 n（即转子转速）略小于旋转磁场的旋转速度 n_0（即同步转速）。通常把异步电动机同步转速和转子转速的差值与同步转速之比称为转差率，用 S 表示，即：

$$S = \frac{n_0 - n}{n_0} \times 100\%$$

在正常运行范围内，转差率 S 的值较小，在 0.01 ~ 0.06 之间。

4. 三相异步电动机的启动

异步电动机由静止状态过渡到稳定运行状态的过程称为异步电动机的启动。异步电动机在使用过程中，总是需要启动和停机，虽然三相异步电动机具有可以产生一定的启动转矩，拖动负载直接启动的优点，但它的启动电流过大是必须要解决的问题。

三相笼型异步电动机的启动方法有：

（1）直接启动。直接启动就是用闸刀开关和交流接触器将电动机直接接到具有额定电压的电源上。此时启动电流 I_{st} 是额定电流 I_N 的 5 ~ 7 倍，而启动转矩与额定转矩之比（称为启动能力）$\lambda_{st} = T_{st}/T_N = 1 ~ 2$。

　　直接启动法的优点是操作简单，无须很多的附属设备；主要缺点是启动电流较大，如果频繁启动，将引起电动机过热。笼型异步电动机能否直接启动，要视三相电源的容量而定，一般 7.5 kW 以下的电动机可以直接启动，7.5 kW 以上电源容量满足下述条件的也可以直接启动：

$$\frac{I_{st}}{I_N} \leqslant \frac{1}{4}\left[3+\frac{供电变压器总容量（kVA）}{电动机容量（kW）}\right]$$

　　不能满足上述条件或启动频繁的电动机，应采用降压启动，将启动电流限制到允许的数值，否则会引起供电系统过负荷，影响其他用电设备的正常工作。

　　（2）降压启动。这种方法是启动时，设法降低加到定子上的电压，待电动机转速上升达一定值时，再加全电压，用降低异步电动机端电压的方法来减小启动电流。由于异步电动机的启动转矩与端电压的平方成正比，所以采用此方法时，启动转矩同时减小，所以该方法只适用于对启动转矩要求不高的场合，即空载或轻载的场合。常用的降压启动方法有几种：定子串电阻或电抗降压启动、Y- △降压启动、自耦变压器降压启动和延边三角形降压启动等。

5. 三相异步电动机的调速、反转和制动

　　（1）三相异步电动机的调速。调速就是电动机在同一负载下得到不同的转速，以满足生产过程的需要。三相异步电动机的速度调节是它的一个非常重要的应用方面。

　　异步电动机的转速为：

$$n=n_0\left(1-S\right)=\frac{60f_1}{p}\left(1-S\right)$$

　　从上式可见，三相异步电动机的调速方法有改变磁极对数 p（变极调速）、改变频率 f_1（变频调速）和改变 S（变转差率调速）三种。

　　（2）三相异步电动机的反转。在生产上常需要使电动机反转。如前所述，因为三相异步电动机的转动方向是由旋转磁场的方向决定的，而旋转磁场的转向取决于定子绕组中通入三相电流的相序。因此，要改变三相异步电动机的转动方向非常容易，只要将电动机三相供电电源中的任意两相对调，这时接到电动机定子绕组的电流相序被改变，旋转磁场的方向也被改变，电动机就实现了反转。这种换接可通过双摆开关来实现。

　　（3）三相异步电动机的制动。当电动机与电源断开后，由于电动机的转动部分有惯性，所以电动机仍继续转动，要经过若干时间才能停转；但在一些工业应用中，要求电动机能够在很短的时间内停止运转，以提高生产率，这就需要电动机进入制动运行状态。制动是指电动机的转矩 T 与电动机转速 n 的方向相反时的情况，此时电动机的电磁转矩起制动作用，能使电动机很快停下来。

1）电源反接制动。若异步电动机正在稳定运行时，将其连至定子电源线中的任意两相反接，电动机三相电源的相序突然转变，旋转磁场也立即随之反向，转子由于惯性的原因仍在原来方向上旋转，此时旋转磁场转动的方向同转子转动的方向刚好相反。这种制动方法的优点是制动强度大，制动速度快。缺点是能量损耗大，对电动机和电源产生的冲击大，易损坏传动部件，频繁的反接制动会使电动机过热而损坏，也不易实现准确停车。

2）能耗制动。将电源开关断开使电动机脱离三相电源后，使定子绕组中通过直流电，于是在电动机内便产生一个恒定的不旋转磁场。这种制动方法就是把电动机轴上的旋转动能转变为电能，消耗在制动电阻上，故称为能耗制动。能耗制动的优点是制动力较强且平稳、无冲击，但其需要直流电源，在电动机功率较大时直流制动设备价格较贵，低速时制动转矩小。

6. 三相异步电动机铭牌数据

电动机机座上的铭牌记载着电动机正常运行时的各种额定数据。根据铭牌数据可以了解到电动机的结构、电气、机械等性能参数。如图 5-14 所示为某电动机铭牌，从该铭牌上可以了解到以下信息。

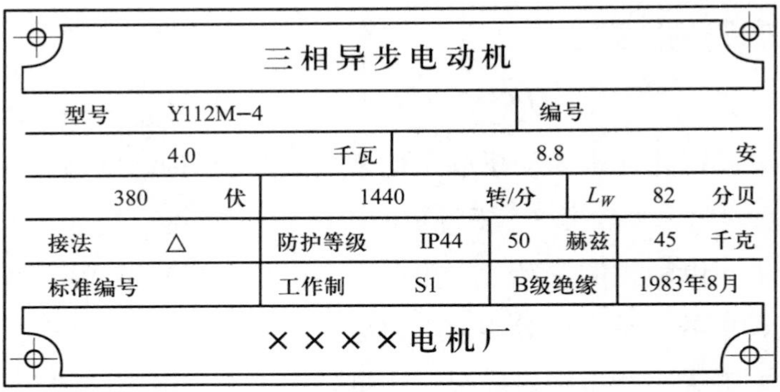

<table>
<tr><td colspan="8" align="center">三 相 异 步 电 动 机</td></tr>
<tr><td>型号</td><td>Y112M—4</td><td></td><td></td><td colspan="2">编号</td><td></td><td></td></tr>
<tr><td colspan="2" align="center">4.0</td><td>千瓦</td><td></td><td colspan="3" align="center">8.8</td><td>安</td></tr>
<tr><td align="center">380</td><td>伏</td><td align="center">1440</td><td>转/分</td><td>L_W</td><td>82</td><td colspan="2">分贝</td></tr>
<tr><td>接法</td><td>△</td><td>防护等级</td><td>IP44</td><td>50</td><td>赫兹</td><td>45</td><td>千克</td></tr>
<tr><td>标准编号</td><td></td><td>工作制</td><td>S1</td><td colspan="2">B级绝缘</td><td colspan="2">1983年8月</td></tr>
<tr><td colspan="8" align="center">×××× 电 机 厂</td></tr>
</table>

图 5-14 电动机铭牌

（1）型号。Y112M—4。

（2）接法。接法是指定子三相绕组的连接方式，必须按铭牌所规定的接法连接，电动机才能正常运行。该电动机为△接法。

（3）额定值。即正常运行时的主要数据指标。

额定功率：4.0 kW。

额定频率：50 Hz。

额定电压：380 V。

额定电流：8.8 A。

额定转速：1 440 r/min。

（4）绝缘等级。绝缘等级是指电动机所采用的绝缘材料的耐热等级。绝缘材料按其耐热的程度来划分，常用等级为 A、B、E、F、H 五种。

（5）工作方式。电动机工作方式分连续、短时、断续三种。若标为连续表示电动机可在额定功率下连续运行，绕组不会过热；若标为短时表示电动机不能连续运行，只能在规定的时间内依照额定功率短时运行，这样不会过热；若标为断续表示电动机的工作是短时的，但能多次重复运行。

三、永磁同步电动机

电梯性能随着计算机控制技术和变频技术的发展有了很大的提高，但是异步变频电动机存在低频、低压、低速时转矩不够平稳进而导致低速段运行不理想的缺点。用永磁同步调速电动机替代交流异步电动机，用同步变频替代异步变频可以解决低速段的缺点和启动及运行中的抖动问题，进而使电梯运行更平稳舒适，同时也能减小电动机的体积，减小噪声。

1. 永磁同步电动机结构与工作原理

永磁同步电动机和其他电动机一样，由转子和定子两大部分组成。不同的是，一般交直流电动机的转动部分均在固定部分之内，而永磁同步电动机的转动部分则有在固定部分之内和之外两种，即内转子式和外转子式，这两种结构形式的电动机在电梯上均被广泛使用。其中内转子式永磁同步电动机具有轴负荷大的特点，适合大吨位、高速度电梯使用。内转子式永磁同步电动机的永磁体嵌装在转子铁芯中，外转子式永磁同步电动机的永磁体贴装在内定子表面上。对于使用稀土永磁体的电动机，由于其材料的磁能很大，矫顽力和剩磁密度很高，往往只用一片永磁体即可。

电动机的定子铁芯上嵌绕有三相定子绕组，绕组产生的磁极对数根据需要安排，驱动电源就加在该三相定子绕组上。而电动机的旋转部分非负载端嵌装有检测永磁体磁极位置、实现电子转向功能的传感器。当定子绕组接上可控的变频变压电源启动运行后，由磁极位置信号控制同步电动机定子绕组电流的相位，保证转子磁场方向与定子绕组电流矢量在空间正交。由于转子上没有电流，电动机的发热状况只取决于定子绕组电流。而永磁体产生的恒定磁场总与可控的定子电流正交，因此电磁转矩和定子电流具有线性比例关系。

2. 永磁同步电动机的优点

（1）永磁同步电动机具有在低速状态下实现大功率输出的特点，因此采用永磁同步电动机作为电梯曳引电动机易于实现直接驱动方式。而直接驱动方式则可改变传统的曳引机驱动模式，使曳引电动机、曳引轮、电磁制动器、光电编码器集于一体，实现机电一体化。

（2）结构简单，运行可靠。由于永磁同步电动机转子不需要励磁，省去了线圈或鼠笼，简化了结构，减少了故障，维修方便，维修复杂系数大大降低。

（3）无机房电梯使用的小体积永磁同步电动机具有功率因数高、抗干扰能力强、损耗小、体积小、重量轻的特点。

（4）调速范围宽，可达1∶1 000甚至更高，调速精度极高。

（5）永磁同步电动机在额定转速内保持恒转矩，对于提高电梯的运行稳定性至关重要。可以做到给定曲线与运行曲线重合，特别是电动机在低频、低压、低速时可提供足够的转矩，避免电梯在启动换速过程抖动，改善电梯在启动、制动过程中乘客的舒适感。

（6）永磁同步电动机满载启动运行时电流不超过额定电流的1.5倍，配置变频器无须提高功率配置，降低了变频器的成本。

（7）采用永磁同步电动机的电梯可节约能源。

培训项目 6

常用低压电器基本知识

培训重点

了解低压电器的作用和组成
熟悉常用低压电器

电器在实际电路中的工作电压有高低之分，工作于不同电压下的电器可分为高压电器和低压电器两大类。凡工作在交流电压 1 200 V 及以下，或直流电压 1 500 V 及以下电路中的电器称为低压电器。

一、低压电器概述

1. 低压电器的作用

低压电器是一种控制电能的器件或电气设备。低压电器在电梯中广泛应用于电力拖动和信号控制设备中，如通过接触器对曳引电动机的启动、制动、正反转运行控制；使用按钮开关、继电器等对电梯召唤信号进行登记、显示、消号；采用热继电器或电流继电器对电动机进行过载、过电流保护等。

2. 低压电器的组成

低压电器一般都有两个基本部分。一个是感受部分，它感受外界信号，做出有规律的反应。在自动控制电器中，感受部分大多由电磁机构组成；在手动控制电器中，感受部分通常是操作手柄等。另一个是执行部分，如触点以及灭弧系统，它根据指令，执行电路接通、切断等任务。对于自动空气断路器类的低压电器，还具有中间（传递）部分，它的任务是把感受和执行两部分联系起来，使它们协同一致，按一定的规律动作。

二、常用低压电器

1. 断路器

（1）自动空气断路器。又称自动开关或自动空气开关，它是断路器的一种，如图5-15所示。自动空气断路器既是控制电器，同时又具有保护电器的功能。在正常情况下可用来接通和分断负载电路，也可用于不频繁地接通和断开电路或控制电动机；当电路中发生短路、过载、失压等故障时，自动空气断路器脱扣器能自动切断电路，有效地保护串接在后的电气设备。所以自动空气断路器相当于刀开关、熔断器、热继电器和欠压继电器的组合，是一种既有手动开关作用又能自动进行欠压、失压、过载和短路保护的电器。

图5-15　自动空气断路器

（2）漏电断路器。漏电断路器是为了防止在低压网络中发生人体触电和漏电火灾、爆炸事故而研制的一种电器。当发生人体触电或设备漏电时，其能够迅速切断故障电路，避免人身和设备受到危害。这种漏电断路器实际上是装有检漏保护元件的塑壳式断路器，常见的有电磁式电流动作型、电压动作型和晶体管（集成电路）电流动作型。

为了便于检查漏电断路器的动作性能，漏电断路器设有试验按钮。在漏电断路器闭合后，按下试验按钮模拟漏电或触电状态，如果断路器断开，则证明漏电断路器正常。

2. 熔断器

熔断器（见图5-16）是一种当流过熔体的电流超过限定值时，利用熔体熔化作用切断电路的保护装置，主要用于短路和过载保护。熔断器熔体串联在电路中，当发生电路短路或过载时，电流大于熔体允许的正常发热电流，熔体温度急剧上升，超过其熔点而熔断，从而分断电路，保护了电路和设备。

熔断器的主要技术参数是额定电压、额定电流、分断能力、熔断特性等。

3. 接触器

接触器（见图 5-17）是电力拖动与自动控制系统中一种非常重要的低压电器，它是控制电器，利用电磁吸力和弹簧反力的配合作用，实现触点的闭合与断开。

图 5-16　熔断器

图 5-17　接触器

接触器是用来直接接通或切断电动机或其他负载工作回路（又称主回路）的一种控制电器，是继电接触控制电路中的执行元件。接触器可以实现远距离自动操作、频繁接通和分断电动机或其他负载主电路，不仅具有欠压和失压保护功能，而且具有控制容量大、工作可靠、操作频率高、使用寿命长等特点，所以应用非常广泛。在电梯中，正是由接触器频繁地控制着曳引电动机的启动、运转、反向和停止。

接触器按其所控制的电流种类分为交流接触器和直流接触器。接触器的基本参数有主触点的额定电流、触点数、主触点允许切断电流、线圈电压、操作频率、动作时间、电器使用寿命和机械使用寿命等。

4. 继电器

继电器是一种根据特定形式的输入信号而动作的自动控制电器。它一般只起传递信号的作用而不直接操作主电路，常用于反映控制信号、接通与分断控制电路，也可作为传递信号的中间元件。它具有输入和输出回路，当输入量（如电压、温度）达到预定值时，继电器即动作，输出量即发生与原状态相反的变化。

电梯上常用的继电器有以下几种。

（1）中间继电器。中间继电器（见图 5-18）

图 5-18　中间继电器

一般用来控制各种电磁线圈，使信号得到放大，或将信号同时传给几个控制元件。

由于中间继电器具有多对触点，所以可以把一个信号同时传给多个有关的控制元件或控制电路。又因其触点容量比一般继电器要大些，所以通过它可起到中间放大的作用。

（2）热继电器。热继电器（见图 5-19）是依靠电流通过发热元件产生热效应而动作的一种电器。在电梯控制中主要用于电动机的过载保护。

图 5-19　热继电器

热继电器的主要技术数据是整定电流，即热元件通过的电流大小和经过多少时间动作，这就是热继电器的保护特性。当通过的电流是整定值时，热继电器长期不动作；当通过的电流为整定电流的 1.2 倍时，热继电器应在 20 min 内动作。

（3）相序继电器。相序继电器（见图 5-20）用于检测三相主电路的供电相序。电路正常时，相序继电器输出触点闭合；当三相电缺相或相序不正确时，相序继电器输出触点断开。

图 5-20　相序继电器

5. 主令电器

主令电器是一种专门发送动作命令的电器，用于切换控制电路。主令电器可以直接控制或通过中间继电器间接控制电梯的运行状态（如检修、自动运行等），或控制电动机的启动、运转、停止等。主令电器按其功能分为按钮开关（控制按钮）、转换开关、行程开关等。

主令电器多数是手动的，选用时要注意其电气性能、机械性能、结构特点和使用场合等。主令电器主要技术数据有额定电压、额定电流、通断能力、允许操作频率、电气和机械使用寿命、控制触点的编组和触头的关合顺序等。

（1）按钮开关。按钮开关由按钮、复位弹簧、触点、外壳及支持连接部分组成，用于发出信号及实现线路电气联锁。

如图 5-21 所示，电梯的外呼、内选、开门、关门按钮都由发光二极管做登记记忆显示，类似带灯式按钮。

a)　　　　　　　b)　　　　　　　c)　　　　　　　d)

图 5-21　按钮开关

a）外呼按钮　b）内选按钮　c）开门按钮　d）关门按钮

（2）转换开关。转换开关以旋转方式操作触头。电梯中的钥匙开关和检修开关就是转换开关，如图 5-22 所示。转换开关内有若干个静触片和动触片，分别装于数层绝缘件内，静触片固定在绝缘垫板上，动触片装在转轴上，随转轴旋转而变更通、断位置。

a)　　　　　　　　　　　　b)

图 5-22　钥匙开关与检修开关

a）钥匙开关　b）检修开关

（3）急停开关。电梯用急停开关是一种双稳态开关。使用时，用手按下急停开关，该开关将自动锁在断开状态，顺时针转动后即可复位。急停开关上装有蘑菇形钮帽，颜色为红色，如图5-23所示。

（4）行程开关。行程开关如图5-24所示，它由操作机构、触头系统和外壳组成，适用于控制生产机械的行程及限位保护。行程开关是一种根据运动部件的行程位置而切换电路的电器，按照安装位置和作用的不同，也称为限位开关或极限开关等。

图5-23　急停开关

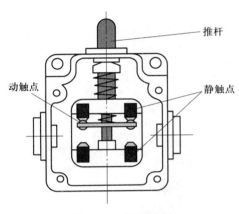

图5-24　行程开关

行程开关分为微动式、直动式和滚轮式三种。电梯的上、下强迫减速开关常用滚轮式行程开关。

（5）接近开关。接近开关能在某物体与之接近并到达一定距离时发出信号，其不需要施加外力，是一种无触点式主令电器。接近开关可以完成行程开关所具备的行程控制及限位保护，是一种非接触型的检测装置，电梯上的满载、超载称重测量装置，平层感应器，光幕其实就是接近开关。

常见接近开关如图5-25所示。

图5-25　接近开关

理论知识复习题

一、判断题（将判断结果填入括号中，正确的填"√"，错误的填"×"）

1. 电力变压器可以任意过负荷运行。 （   ）

2. 在直流电路中可以用变压器进行变压。 （   ）

3. 电动机铭牌上标注的额定功率是指电动机输出的机械功率。 （   ）

4. 接触器的常开触头是指始终处于断开的触头。 （   ）

5. 限位开关是不可缺少的控制电器，其功能是连接电源，启动电动机。

（   ）

二、单项选择题（选择一个正确的答案，将相应的字母填入题内的括号中）

1. 下面关于变压器的说法正确的是（   ）。

A. 变压器能够改变直流电的电压

B. 变压器能够改变交流电的电压

C. 变压器是能够产生功率的设备

D. 变压器能够改变电压和频率

2. 在变压器中，匝数多的一端电压（   ）。

A. 高   B. 低

C. 与匝数少的一端相同   D. 不能确定

3. 变压器铁芯常用（   ）制成。

A. 铸钢   B. 钢板   C. 硅钢片   D. 漆包线

4. 下列选项中属于直流电动机调速的方式是（   ）。

A. 改变电源电压   B. 改变电源频率

C. 改变电动机磁极对数   D. 改变转差率

5. 电动机失电后在其绕组中通入直流电的制动方式是（   ）。

A. 机械制动   B. 能耗制动

C. 反接制动   D. 回馈制动

6. 根据异步电动机转速公式，不属于三相异步电动机调速方法的是（   ）。

A. 改变转差率   B. 改变电源频率

C. 改变电动机磁极对数   D. 改变绕组相序

7. 下列选项中不属于交流永磁同步电动机优点的是（　　　）。

A. 结构简单，运行可靠　　　　　　B. 损耗小、体积小、重量轻

C. 调速范围宽　　　　　　　　　　D. 价格便宜，成本低

8. 把线圈额定电压为 110 V 的交流接触器线圈误接入 220 V 的交流电源上会发生的是（　　　）。

A. 接触器正常工作　　　　　　　　B. 接触器产生强烈振动

C. 烧毁线圈　　　　　　　　　　　D. 烧毁触点

9. 热继电器的作用是（　　　）。

A. 短路保护　　　　　　　　　　　B. 过载保护

C. 失压保护　　　　　　　　　　　D. 过电压保护

10. 下列选项中不属于熔断器主要技术参数的是（　　　）。

A. 额定电压　　　　　　　　　　　B. 额定电流

C. 额定功率　　　　　　　　　　　D. 熔断特性

理论知识复习题参考答案

一、判断题

1. ×　　2. ×　　3. √　　4. ×　　5. ×

二、单项选择题

1. B　　2. A　　3. C　　4. A　　5. B　　6. D　　7. D　　8. C　　9. B　　10. C

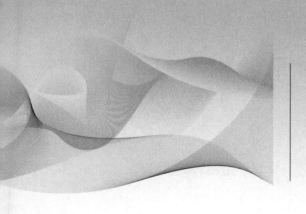

职业模块 ⑥
安全防护知识

电梯安装维修人员必须熟悉和掌握电工、钳工、机修工方面的理论知识和实际操作技术，熟悉高空作业、电焊、气焊、防火等方面的安全知识。要做到"安全第一"，就必须遵循"安全优先"的原则。电梯安装维修工要经专业技术培训和考核，取得特种设备作业人员证后，方可从事相应工作。现场安全文明生产总体要求如下：

安装维修人员接到任务单后，应与本单位有关负责人员一起到施工现场，根据任务单要求和实际情况，采取切实可行的安全措施后，方可进入工地施工。

施工现场必须保持整洁有序，材料和物件必须堆放整齐、稳固，防止倒塌伤人。

在施工操作时必须正确使用个人的劳动防护用品。严禁穿汗衫、短裤和宽大笨重的衣服与非工作鞋进行操作，应该穿着必要的劳护用品。集体备用的防护用品，应有专人保管，定期检查，使之保持完好状态。

电梯层门拆除或安装前，必须在层门外设置安全护栏，并挂上醒目的标志，写明"门已拆除，严禁入内"或"严禁入内，谨防坠落"等警示语。在未放置护栏之前，必须有专人看管，严禁无关人员进入。

在运转的曳引轮两旁清洗曳引绳，必须用长柄刷帚操作。清洗时必须开慢车进行，并注意电梯轿厢的运行方向，清洗对重方向的曳引绳应让电梯上升，清洗轿厢方向的曳引绳应让电梯下降。

在进行曳引机、轿厢、对重、导轨等大修或调换曳引绳等工作时，必须由负责人统一指挥，使用安全可靠的设备工具，做好人员力量的配备工作，严禁冒险操作或违章操作。

在施工中严禁站在电梯门的剪切位置进行操作或去触动通电按钮（或手柄开关），以防轿厢移动发生意外。剪切位置是指电梯的移动部位与静止部位之间的位置，如轿门地坎和层门地坎之间，分隔井道用的工字钢（槽钢）和轿顶之间等。

电梯在调试过程中，必须有专业人员统一指挥，严禁载客。施工过程中如需离开轿厢必须切断电源，关上内外层门并挂上"禁止使用"的警告牌，以防他人误用电梯造成事故。

电梯安装维修工必须时刻坚持"安全第一"的信念，安全理念高于一切。对违反安全操作规程的人员，应根据其违反规程的性质及后果，追究其经济上、行政上甚至法律上的责任。

培训项目 ① 安全操作及劳动保护知识

培训重点

了解施工前的安全教育和安全检查

了解土建查勘安全操作

熟悉井道、电梯机房、电梯底坑的安全操作及劳动保护

一、施工前的安全教育和安全检查

1. 安全教育

在施工前，安全主管必须检查所有施工人员的资质证件，做到施工人员持证上岗，并组织对施工人员进行安全教育。凡参加工前教育的施工人员，必须在"安全教育确认书"上签名，留档备查。

2. 施工安全装备和施工工具检查

（1）检查各类安全保护装备，查看有无缺失、破损，如有缺失与破损，应及时补齐与替换。

（2）检查各种施工工具的安全性和正确性，如绝缘是否达标、外表是否破损、量具是否准确，做到两个"安全确保"——确保工具的安全，确保工具使用人的安全。

二、土建查勘安全操作

1. 垂直电梯土建井道查勘安全操作

（1）客户移交的土建井道，预留孔、门洞应该是密网封堵状态，并张贴警示语，如图6-1所示。施工人员在启封勘测后，必须恢复封堵以防止发生坠落事故。

（2）井道的勘测需两人配合进行，相互监护，按先上后下顺序进行勘测，严禁单独行动。

（3）在勘测机房的同时，注意清理预留孔周边杂物，用拆箱板遮盖孔洞。

（4）勘测井道需要查看井道土建状况时，施工人员必须采取与土建施工同等的防坠落安全保护措施，防止意外事故发生。

（5）需要勘测井道上土建垂直度的，必须用合适的工具吊放垂线，勘测人应使用防坠落的安全防护用品。

图 6-1　电梯施工封堵现场

（6）在进入底坑勘测时，最好使用爬梯。要注意底坑垃圾中可能隐藏具有伤害性的废旧工具、钉子等，避免刺伤、割伤等意外事故发生。

2. 扶梯土建查勘安全操作

（1）扶梯土建现场和垂直电梯不太一样，大都为开放空间，每层扶梯口必须放置安全护栏或活动围栏，张贴"请勿靠近，严防坠落"的警告牌，以起到警示作用。

（2）勘测结束后仍需要尽快恢复护栏或围栏，防止他人靠近发生意外。

（3）扶梯土建勘测必须两人作业，尤其在丈量楼层高度时要做到相互配合、监护。

三、电梯井道安全操作及劳动保护

电梯井道作为支撑电梯运行的主要空间，内部包含电梯轿厢系统、对重平衡系统、导轨、曳引绳、缓冲装置等，由于井道照明和高度等具有特殊要求，安装维修人员在电梯井道操作时，必须遵守井道安全操作规程并做好相应的保护措施，做到安全操作，规范施工。

1. 进出井道

（1）每次进出井道必须设置明显的警示标志并按规定放置，以防乘客误操作电梯造成意外伤害。

（2）每次进出井道必须按照"三验证"的要求进行规范验证，并按规范程序进出井道。

（3）进入井道施工必须戴好安全帽，登高作业应系好安全带；工具应妥善放入工具袋内，大工具要用保险绳扎好，妥善处理。

（4）进入底坑进行施工时，轿厢内应派专人看管配合，并切断轿厢内的电源，按规范拉开轿门和层门。

2. 井道作业

（1）在井道、轿顶作业有坠落危险，必须作好防坠落措施，如系好安全带，如图 6-2 所示。

（2）在井道、轿顶作业有挤压危险，要保持身体任何部位在轿厢移动时不超出轿顶范围。

（3）在井道、轿顶作业有坠物危险，要戴好安全帽，安全存放工具和零部件。

（4）打开层门有导致乘客坠落井道风险，层门口需采取放置护栏等有效的防范措施。

（5）短接层门、轿门有导致乘客和自身剪切危险，为了工作需要必须短接层门和轿门的，应该在工作结束时及时拆除短接线。

（6）轿顶开快车有撞击、坠落危险，所以在轿顶必须开检修慢行。

（7）井道作业人员必须注意相互呼应，密切配合。井道内必须用 36 V 以下的低压照明灯，并保证足够的亮度。

（8）井道作业人员必须保证自身安全，并保护他人安全。一旦因自身原因造成安全事故，将承担相应责任；同时也要保护好设备，一旦造成损坏，也要承担相应的赔偿责任。

3. 进入轿顶

（1）准备工作。在基站和需进入轿顶的楼层层门前和轿厢内各放置一个防护栏，如图 6-3 所示，并确保电梯轿厢内无乘客。

图 6-2　井道穿戴示意图

图 6-3　防护栏放置示意图

（2）三验证

1）验证门锁有效性。在呼梯楼层进入轿厢，按下内选按钮，让电梯运行至顶层，再在层门外按下下行呼梯外呼按钮，用三角钥匙打开层门一条小缝，观察电梯轿厢位置是否合适，等到轿厢位置合适，用三角钥匙打开层门 10 cm，如图 6-4 所示，电梯停止，用阻门器将层门顶住，按下外呼按钮，等待 10 s，观察电梯是否移动，验证门锁有效性。

图 6-4　验证门锁有效性示意图

2）验证轿顶急停按钮有效性。若门锁有效，用规定动作打开层门，并用阻门器顶住层门，按下轿顶急停按钮，打开轿顶检修灯，退出，取下阻门器，关闭层门，按下外呼按钮，并通过层门缝隙观察轿厢是否移动，若不移动，则表示急停按钮有效。

3）验证轿顶检修开关有效性。验证轿顶急停按钮有效之后，再次用规定动作打开层门，用阻门器顶住层门，将检修开关转动至检修挡，然后恢复急停按钮，退出，取下阻门器，关闭层门，按下外呼按钮，并通过层门缝隙观察轿厢是否移动，若不移动，则表示检修开关有效，可以进入轿顶。

进入轿顶之后，还需验证轿顶运行按钮的有效性。其步骤为复位轿顶急停按钮，先下后上分别测试下行按钮、公共按钮和上行按钮，确保按钮方向与电梯运行方向一致，确保每只按钮按下、释放有效。当下行和公共按钮同时按下时电梯下行，松开任何一个按钮后电梯无减速立即停车；上行同理。轿顶检修运行如图 6-5 所示。

（3）注意事项

1）非维修人员严禁进入轿顶。在进入轿顶前，必须知道轿厢所在的准确位置。在打开层门进入轿顶前，必须看清轿厢所处的位置，看清周围环境，在保证层门处没有闲杂人员、绝对安全时，方可进入轿顶。进入轿顶后立即关闭层门，防止他人进入。

图 6-5　轿顶检修运行

2）在轿顶作业时应先按下急停按钮，并闭合检修按钮，使电梯处于检修工作状态；如果要进行作业，应保证两人统一口令，并与机房或者底坑工作人员做好沟通。

3）在轿顶上检查时应充分注意安全，集中精力，站稳站好，严禁站在剪切处操作，严禁吸烟。在进行各种工作时，应使轿顶的检修开关处于检修状态，使轿厢无法运行，只能在轿顶维修人员认为需要升降轿厢时，才能由其发出指令，按上行或下行按钮使轿厢运行。特别需要注意的是，当平层遮磁板已插入平层感应器时，虽未按动电梯运行按钮，但只要接通回路电梯轿厢将自动平层，因此轿顶人员在转换检修开关前一定要检查平层遮磁板是否已插入平层感应器，预计可能发生的动作，选择安全的站定位置，确保安全。

4）在轿顶上的维修人员一般不得超过 3 人，并有专人负责操纵电梯的运行。在启动前应提醒所有在轿顶上的人员注意安全，同时检查无问题后，方可以检修速度运行。行驶时轿顶上的人员，不准将身体的任何部位探出防护栏。

5）工作人员在轿顶上准备运行电梯以观察有关电梯部件的工作情况时，必须牢牢握住轿厢绳头板、轿架上梁或防护栅栏等部件，严禁握住钢丝绳，并注意整个身体置于轿厢外框尺寸之内，防止出现碰伤割伤现象。如果是由轿厢内的司机或维修人员运行电梯的，需要交代并做好配合，做到相互呼应，喊好口令，未经许可不准运行电梯。

6）离开轿顶时，应将轿顶操作盒上各功能开关复位。轿顶上不允许存放备品备件、工器具和杂物。在确保层门关好后方可离去。

四、电梯机房安全操作及劳动保护

1. 进入电梯机房

电梯机房作为电梯控制柜所在的重要场所，非专业人员不得随意进入。进入电梯机房工作时，除了需要穿戴好工作套装之外，还应该注意以下几点。

（1）严禁在曳引机运转的情况下进行维修保养。

（2）检修电气设备和线路时，必须在断开电源的情况下进行。带电作业时，必须要按照带电操作安全规程操作，必须保证接地良好。

（3）调整抱闸时，严禁松开抱闸弹簧（制动器主弹簧）。如果必须松闸，一定要有措施防止溜车。

（4）机房检修时，轿厢内必须留有电梯司机或维修人员。当从机房内操纵轿厢运行时，只允许开检修速度，而且必须与在轿厢内或轿顶上的人员做好联系，在轿门、层门关闭后方可运行轿厢。严禁在层门敞开的情况下运行轿厢。

（5）当需要进行手动盘车时，必须先断开电源。盘车前一定要与轿顶和轿厢内的人员做好联系。为防止制动器打开时轿厢发生意外溜车，操纵制动器的维修人员应点动操作，并随时做好制动器抱闸准备。对于无减速器的电梯，不适合采用盘车方法来检修。

2. 进行电梯机房救援

（1）听从统一指挥。

（2）确保层门、轿门关闭，切断主电源开关。通知轿厢被困人员不要靠近轿门，注意安全。

（3）机房人员应与其他救援人员保持良好的沟通联系，操作前先通知其他救援人员，得到响应后方可采取措施移动轿厢。

（4）机房盘车时，必须至少两人配合作业，一人盘车，一人松开抱闸并监视轿厢的位置，同时注意平层标记的位置。

（5）当电梯轿厢移动到平层位置时，先放开松闸扳手，恢复其制动作用，确认无误后再松开盘车手轮。

（6）通知楼层相关人员到层站处，用电梯专用三角钥匙打开电梯层门、轿门，救出被困人员。

（7）等到电梯故障处理完毕，试车正常后方可恢复电梯运行。

五、电梯底坑安全操作及劳动保护

电梯底坑里有各种安全保护装置，底坑的干净整洁是保证电梯正常工作的重要条件。进入底坑和进入轿顶的要求一样，需要验证门锁开关、底坑急停按钮有效性，其方法和轿顶三验证类似，电梯需召唤至顶层，并需要人在轿顶或机房配合。

　　在底坑作业的注意事项如下。

　　1. 首先切断电梯的急停开关，再下到底坑作业。

　　2. 下底坑时要使用合适的爬梯。爬梯要坚固，放置合理、平稳。

　　3. 在底坑作业，需要运行电梯时，维修人员一定注意所处的位置是否安全，防止被随行电缆、补偿链兜住，或者发生其他的意外事故。

　　4. 底坑里必须有低压照明灯，且亮度应能满足作业要求。

　　5. 在底坑作业时，注意观察周围环境，防止在底坑发生擦伤碰伤意外。

　　6. 在底坑作业时，绝不允许机房、轿顶等处同时进行检修，防止意外事故发生。

　　7. 禁止井道上、下同时作业。必须上下配合作业时，底坑维修人员必须穿戴好防护用品。

　　8. 在底坑作业时必须观察所处环境位置，带好操作工具，严禁吸烟。

培训项目 ② 电气安全装置与电气安全操作规程

熟悉电气安全装置
了解电梯电气作业基本要求
熟悉电气设备检修操作规程

一、电气安全装置

电梯中的安全装置较多，分为机械安全装置和电气安全装置两类。电梯井道中的强迫减速开关、限位开关、极限开关，层门门锁与轿门电气联锁装置，门光电装置和安全触板，轿厢超载报警装置、限速器断绳开关、选层器断带开关，电梯供电系统断错相保护装置都属于电梯电气安全装置。

1. 井道中的防越程保护开关

（1）强迫减速开关（见图6-6）。在垂直电梯中，强迫减速开关有上强迫减速和下强迫减速两个，分别装在井道上端和下端，用于轿厢到达顶部和底部的减速切换。

（2）限位开关。限位开关用于电梯顶端和底端的限位，防止电梯冲顶或者蹲底。一旦此开关被触发，电梯电气安

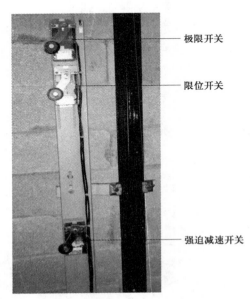

———— 极限开关

———— 限位开关

———— 强迫减速开关

图6-6 垂直电梯顶层防越程保护开关

全回路将被切断，以保证电梯安全。

（3）极限开关。极限开关位于电梯顶端和底端，用于电梯出现意外的电气安全回路保护，防止电梯冲顶和蹲底。

2. 电梯层门门锁和轿门电气联锁装置

当电梯的层门与轿门没有关闭时，电梯的电气控制部分不应接通，电梯电动机不能运转，实现此功能的机构称为层门门锁与轿门电气联锁装置，如图6-7所示。

图6-7　电梯层门门锁与轿门电气联锁装置

3. 电梯门防夹保护装置

电梯门防夹保护装置常见的有门光电装置（俗称光幕）和安全触板。光幕是一种利用光电感应原理而制成的安全保护装置，一般装在轿门门边。层门和轿门在关闭的过程中如果被人或物体挡住，光幕能够启动电动机反向运行，防止夹伤人。近年来，还出现了折叠式光幕和分段式光幕，能更好地提升电梯门的安全性。折叠式光幕和分段式光幕如图6-8所示。

安全触板也是一种用于防止门夹伤人或者误动作的安全部件，装在轿门门边，若有物体触碰到安全触板，则轿门会自动打开，电梯也会因为层门门锁和轿门电气联锁装置的作用而停止运行。

4. 相序保护继电器

相序保护继电器是继电器的一种，是能进行自动判别相序的保护继电器，可避免一些特殊机电设备因为电源相序接反后倒转而导致的事故或设备损坏，如图6-9所示。

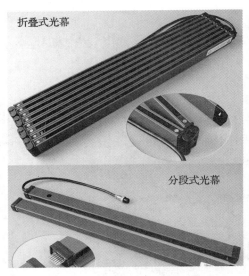

折叠式光幕

分段式光幕

图6-8　折叠式和分段式光幕

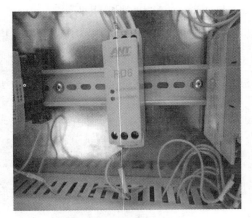

图6-9　相序保护继电器

二、电气安全操作规程

电梯中的电气设备和回路较多，在施工安装和后期维保过程中，作业人员都要按照电气安全操作规程的要求进行操作，避免出现触电事故。

1. 电气作业基本要求

（1）作业人员必须经过专业培训，考试合格，持有特种设备作业人员证（电梯作业）。

（2）作业人员必须严格执行相关电气安全作业规定。

（3）作业人员必须熟悉有关消防知识，能正确使用消防用具和设备，掌握人体触电紧急救护方法。

（4）电梯各岗位要根据实际情况和季节特点，制定完善的规章制度和相应的岗位责任制。做好预防工作和安全检查，发现问题应及时处理。

（5）现场要备有安全用具、防护用具和消防器材等，并有人员定期检查试验。

（6）高温情况下电梯机房和井道电气设备和线路的运行及检修，必须按照国家有关标准执行。

（7）电气设备必须有可靠的接地（接零），防雷和防静电设施必须完好，并有人员定期检测。

2. 电气设备检修操作规程

（1）严禁带电检修各种电气设备。凡检修的电气设备停电后，必须进行验电，验电的步骤如下。

1）侧身断开电源控制柜（见图 6-10）的电源自动空气断路器。

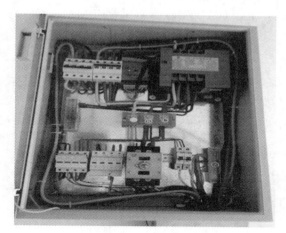

图 6-10　电梯电源控制柜

2）用专用的锁将电源控制柜锁上，保证电源处于断路状态并不能被随意合闸，在停电线路的刀闸手柄上，悬挂"禁止合闸，有人工作"的警告牌。

3）将已经校验好的万用表打在合适的挡位上，到控制柜测量电源的进线，分别测量三相电压中的每相对中线电压值，测得的电压应该都为 0 V，表示电源被切断，电源控制柜已经断电，可以开始进行操作。

（2）检修工作结束后，人员撤离现场，恢复井道，摘掉警告牌后方准恢复送电。

（3）恢复送电步骤

1）将电梯电源控制柜解除锁闭状态，并侧身将自动空气断路器合闸送电。

2）用已经校验好的万用表测量控制柜进线处的电压，电压应为电梯工作额定电压值，并且每相电压偏差不得超过 7%。

3）测量合格后将各检修开关复位，使电梯处于正常运行状态。

培训项目 **3**

触电急救知识

培训重点

了解电流对人体的危害及伤害影响因素

熟悉触电急救常识

熟悉预防触电的措施

一、人体触电基本知识

1. 电流对人体的危害

人体触及带电体因承受过高的电压而导致死亡或局部受伤的现象称为触电。触电依伤害程度不同可分为电击和电伤两种。

（1）电击。指电流通过人体而使内部器官受到损害，这是最危险的触电事故。电流通过人体时，轻者使人体肌肉痉挛，产生麻电感觉，重者会造成呼吸困难，心脏停搏，甚至导致死亡。电击多发生在对地电压为 220 V 的低压线路或带电设备上，电梯是其中的一种设备。

（2）电伤。指由于电流的热效应、化学效应、机械效应以及在电流的作用下熔化或蒸发的金属微粒等侵入人体皮肤，皮肤局部发红、起泡、烧焦或组织破坏的现象。电伤严重时会危及生命。电伤多发生在 1 000 V 及以上的高压带电体上。

触电伤害表现为多种形式。电流通过人体内部器官，会破坏人的心脏、肺部、神经系统等，使人出现痉挛、呼吸窒息、心室纤维性颤动、心搏骤停甚至死亡。电流通过体表时，会对人体外部造成局部伤害，即电流的热效应、化学效应、机械效应对人体外部组织或器官造成伤害，如电灼伤。电灼伤是电流的热效应造成的伤害，分为电流灼伤和电弧烧伤。电流灼伤是人体与带电体接触，电流通过人体由电能转换成热能造成的伤害。电弧烧伤是由弧光放电造成的伤害，分为直接电弧烧伤和间接电弧烧伤。前者是带电体与人体之间发生电弧，有电流流过人体的烧伤；后者是电弧发生在人体附近对人体的烧伤，包含熔化了的炽热金属溅出造成的烫伤。电弧温度高，可造成大面积、大深度的烧伤，甚至烧焦、烧掉四肢及其他部位。

2. 影响触电伤害程度的因素

影响触电伤害程度的因素有很多，包括电流大小、接触电流的时间、电流的种类、电压的高低、触电方式等。

（1）电流的种类。对于工频交流电，按照人体对所通过大小不同的电流所呈现的反应，通常可将电流划分为三级：感知电流、摆脱电流和致命电流，其关系见表6-1。

表6-1　电流与伤害程度关系

伤害电流	定义	电流大小	
		男子	女子
感知电流	引起感觉的最小电流	1.1 mA	0.7 mA
摆脱电流	人触电后能自主摆脱电源的最大电流	9 mA	6 mA
致命电流	在较短时间内引起心室颤动、危及生命的电流	与通电时间有关	

（2）安全电压。安全电压（即允许接触电压）和人体阻抗及周围的环境有关。它不是单指某一个值，而是一个电压系列。我国标准规定了安全电压有五个等级，即42 V、36 V、24 V、12 V和6 V。在危险环境应采用42 V的安全电压；在有电击危险的环境中使用的手持照明灯和局部照明灯应采用36 V或24 V安全电压；在金属容器内、隧道内、水井内以及周围有大面积接地导体等工作点狭窄、行动不便的环境下应采用12 V安全电压；在水下等特殊作业场所应采用6 V安全电压。

（3）触电方式。按照人体触及带电体的方式和电流流过人体的途径，触电可分为低压触电和高压触电。其中低压触电可分为单相触电和两相触电，高压触电可分为高压电弧触电和跨步电压触电。

1）单相触电。在人体与大地之间互不绝缘情况下，人体的某一部位触及三相电源线中的任意一根导线，电流从带电导线经过人体流入大地而造成的触电伤害称为单相触电。对于高压带电体，人体虽未直接接触，但由于越过了安全距离，高电压对人体放电，造成单相接地而引起的触电，也属于单相触电。低压电网通常采用变压器低压侧中性点直接接地和中性点不直接接地（通过保护间隙接地）的接线方式。中性线接地触电如图 6-11 所示，中性点不接地触电如图 6-12 所示。

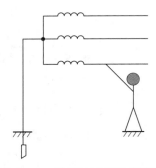

图 6-11　单相触电中性点接地

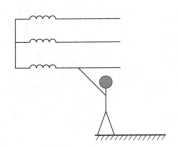

图 6-12　单相触电中性点不接地

2）两相触电。人体同时接触带电设备或线路中的两根相线，或在高压系统中，人体同时接近不同相的两相带电导体，而发生电弧放电，电流从一相导体通过人体流入另一相构成一个闭合电路，这种触电方式称为两相触电。发生两相触电时，作用于人体上的电压等于线电压，这种触电是最危险的。

3）高压电弧触电。高压电弧触电是指人靠近高压线（高压带电体），造成弧光放电而触电。电压越高，对人体危险性越大。高压输电线路的电压高达几万伏甚至几十万伏，即使不直接接触，也能使人致命。弧光放电由于电压过高，即使不接触高压输电线路，在接近过程中人会看到一瞬的闪光（即弧光）并被高压击倒引起受伤或死亡。

4）跨步电压触电。当电气设备发生接地故障，接地电流通过接地体向大地流散，在地面上形成电位分布时，若人在接地短路点周围行走，其两脚之间的电位差，就是跨步电压。由跨步电压引起的人体触电，称为跨步电压触电。跨步电压的大小受接地电流大小、鞋和地面特征、两脚之间的跨距、两脚的方位以及离接地点的远近等很多因素的影响。人的跨距一般按 0.8 m 考虑。由于跨步电压受很多因素的影响以及地面电位分布的复杂性，几个人在同一地带（如同一故障接地点附近）遭到跨步电压电击时，可能出现截然不同的后果。

电梯电路主要在机房和井道。作业人员不管在哪里工作，都应该注意着标准工作服、穿绝缘鞋，按照标准规定动作接通和断开电路，并进行断电锁闭，防止出现触电事故。

二、触电急救常识

如果遇到有人触电，要沉着冷静、迅速果断地采取应急措施。针对不同的伤情，采取相应的急救方法，争分夺秒进行抢救，直到医护人员到来。

触电急救的要点是动作迅速，救护得法。首先要使触电者尽快脱离电源，然后根据具体情况进行相应的救治。

1. 脱离电源

（1）如开关箱在附近，可立即拉下闸刀或拔掉插头，断开电源。

（2）如距离闸刀较远，应迅速用绝缘良好的电工钳或有干燥木柄的利器（刀、斧、锹等）砍断电线，或用干燥的木棒、竹竿、硬塑料管等物迅速将电线拨离触电者。

（3）若现场无任何合适的绝缘物（如橡胶、尼龙、木头等）可利用，救护人员也可用几层干燥的衣服将手包裹好，站在干燥的木板上，拉触电者的衣服，使其脱离电源。

（4）对高压触电，应立即通知有关部门停电，或迅速拉下开关，或由有经验的人员采取特殊措施切断电源。

 特别提示

脱离电源注意事项

1）使触电人脱离电源时，要防止触电人二次摔伤事故。

2）救护者一定要判明情况，做好自身防护。

2. 实施急救措施

急救措施可以根据触电者脱离电源后的具体情况实施。若触电者脱离电源后，神志清醒，应安排专人照顾、观察，直到情况稳定后方可正常活动。

若触电者脱离电源后无呼吸但心脏有跳动，应立即采用口对口人工呼吸。救护口诀是：病人仰卧平地上，鼻孔朝天颈后仰，首先清理口鼻腔，然后松扣解衣裳，捏鼻吹气要适量，排气应让口鼻畅，吹两秒后停三秒，五秒一次最恰当。

若触电者脱离电源后有呼吸但心脏停止跳动，则应立刻进行胸外心脏按压法进行抢救。救护口诀是：病人仰卧硬地上，松开衣扣解衣裳，当胸放掌不鲁莽，中指应该对凹膛，掌跟用力向下按，压下一寸至半寸，压力轻重要适当，过分用力会受伤，慢慢压下突然放，一秒一次最恰当。

若被急救者既无呼吸也无心跳，则需要采取两种方法交替进行，在医生来之前和救护途中都不可中断急救，直至进入抢救室，否则触电者将很快死亡。

三、预防触电的措施

在电梯维保和施工现场，施工人员应在了解和掌握安全用电常识的情况下，做到安全规范使用电工工具和用电器具，尽量不带电操作，若必须带电操作，一定要做好防护措施，避免触电事故的发生。

1. 定期检查现场电气设备的绝缘电阻和控制柜的绝缘情况和接地情况，一旦发现异常立即断电维修。

2. 断电锁闭要规范操作，防止因误操作而导致触电事故。

3. 使用、维护、检修电气设备，严格遵守有关安全操作规程。

4. 禁止非专业人员乱装乱拆电气设备，更不得乱接导线。

培训项目 **4**

环境保护知识

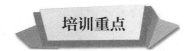

了解环境保护要求
了解环境保护具体管理措施

一、环境保护要求

1. 扬尘控制

车辆在运送土方、设备、建筑材料及垃圾等时，应采取保护措施，确保不污染场外道路。当车辆运输易飞扬、散落、流漏的物料时，必须采取严密封闭措施，保证车辆及环境清洁。施工现场出口位置应设置洗车点。

作业区扬尘控制的具体措施有：覆盖易产生扬尘的堆放材料，密闭存放粉末状材料，在场区内搬运可能引起扬尘的材料及建筑垃圾时应提前设置覆盖、洒水等降尘措施，清理高层或多层建筑垃圾时搭设封闭性临时专用道等。总之，要保证作业区目测扬尘高度小于 0.5 m。

非作业区需达到目测无扬尘的要求，且对现场易飞扬物质采取有效措施，如喷洒水、地面硬化、设置围栏、增设密网覆盖等，预防扬尘产生。

2. 废水控制

有毒化学材料、油料的储存地等，在设计时应有严格的隔水层，做好渗漏液收集和处理工作，防止水资源污染。

在施工中，废水处理应针对不同的污水设置不同处理设施和方法，如沉淀池、隔油池、化粪池等。污水排放前应委托有资质的单位进行污水水质检测，提供相应的污水检测报告，污水处理达到国家及地方相关标准方可排放。

3. 固体废弃物处理

固体废弃物主要是建筑垃圾和各种零部件产品包装等。应制定垃圾减量化计划，加强垃圾的回收再利用，力争垃圾的回收再利用率达到30%。

在施工现场固定区设置封闭式的各种垃圾容器，对垃圾进行分类处理，生活垃圾实行袋装化，并及时清运。

4. 噪声与振动控制

在施工中，应使用低噪声、低振动的机具，并采取隔振与隔音措施，使施工噪声和振动减至最小。同时实时检测噪声水平，确保现场噪声排放不超过国家和地方标准的规定。

5. 强光污染控制

在工程施工时应尽量避免或减少强光污染。夜间室外照明灯应加设灯罩，透光方向集中在施工范围。电焊作业应采取遮挡措施，避免电焊弧光外泄。

二、节约资源

1. 节约用水

（1）在施工中应采用先进的施工工艺，节约水资源。

（2）施工现场应建立雨水、中水或可再利用水的收集处理系统，使水资源得到梯级循环利用。

（3）施工现场应根据用水量设计布置供水管网，管径应合理，管路应简捷，且需采取有效措施减少用水器具的漏损。

（4）现场机具、设备、车辆冲洗用水必须设立循环用水装置。施工现场办公区、生活区的生活用水应采用节水系统和节水器具，提高节水器具配置比例。项目临时用水应使用节水型产品，安装计量装置，采取针对性的节水措施。

（5）在施工现场对生活用水与工程用水应分别确定用水定额指标，分别计量管理。

（6）在雨量充足地区的大型施工现场应建立雨水收集利用系统。充分收集自然降水用于施工和生活中适宜的场合，如现场机具、设备、车辆冲洗，喷洒路面，绿化浇灌等。

（7）在现场循环再利用水的使用过程中，应制定有效的水质检测与卫生保障措施，确保对人体健康、工程质量以及周围环境无不良影响。

2. 节约能源

（1）在施工中应优先使用节能、高效、环保的施工设备和机具，充分利用太阳能、风能、地热等可再生能源。

（2）分别设定施工现场的生产、生活、办公和施工设备的用电控制指标，定期进行汇总、核计和对比分析，预防并及时纠正浪费电能现象。

（3）在施工组织设计时，合理安排施工工序，减少设备与机具种类和数量，提高各种机械的使用率和满载率，降低各种设备的单位耗能，且相邻作业应充分利用共有的设备与机具资源。设计施工工艺时，应选择能耗较少的施工工艺。

（4）合理选择施工机械设备，确保功率与负载相匹配，避免大功率机械设备低负载长时间运行。优先采用节电型机械设备，如逆变式电焊机和能耗低、效率高的手持电动工具等。

（5）建立并完善施工设备和机具的管理制度并及时做好维修保养工作，使机械设备和机具尽量保持在低能耗、高效率的最优状态。

（6）施工现场临时用电应优先选用节能电线和灯具，临时用电的线路应合理设计、布置，同时临时用电设备宜采用自动控制装置，如采用光控、声控等节能照明灯具。照明设计以满足最低照度为原则。

3. 保护和合理布置施工用地

（1）根据施工现场条件及施工规模等因素合理确定临时设施，参照用地指标，临时设施的占地面积按最低面积设计。

（2）施工现场布置应满足环境、职业健康与安全以及文明施工要求，且布置应合理、紧凑，废弃地和死角应尽可能减少，临时设施占地面积有效利用率应大于90%。

三、环境保护具体管理措施

1. 施工前的准备

（1）从加强环保教育和环保管理两个方面强化环保意识。首先，宣传国家有关环保法规、政策、相关知识等，强化每位施工人员的环保意识，加强环保教育强度。其次，加强环保管理，建立完善的环境保护组织和制度。项目经理担任环境保护小组组长，选择技术人员认真学习环境保护知识，安排专业人员负责环保检查和监督工作，采取有效措施，严格控制容易引起环境污染的各个渠道，共同完成环境保护工作。最后，切实贯彻环保法规，严格执行国家及地方政府颁布的有关环境保护、水土保持的法规、法令、政策和方针，结合设计文件和工程实际，及时提报有关环保设计，按批准的文件组织实施。编制实施性施工组织设计时，把施工生产的环保工作作为其中一项内容认真贯彻执行。根据现场实际情况核实、确定环境敏感点、环境保护目标和对应的环保法规要求及其他要求。分析与预测施工全过程中的各个施工阶段的环境因素，找出影响环境的重大因素，制定可行的环保工作方案，及时向业主申报。若施工中相关的活动对环境因素有重大影响的，应进行重点控制。

（2）熟悉和掌握国家和地方关于环境保护的法律法规及相关行业标准。

（3）采购部在采购产品前，应考虑产品环保性能，优先选用污染少的环保产品。对某些涉及重要环境因素的产品、原材料及半成品等，在进场前必须进行检查，确保符合环保要求。

（4）易燃、易爆物品应储存在安全地带，并配置消防设施和器材。易燃、易爆物品在储存时必须设置醒目、准确的标志。

2. 施工过程中环境因素的控制

（1）噪声控制措施。施工时尽量使用环保机具，设置隔音罩、隔音板，将施工期间机械设备的噪声控制在合理范围内，满足国家和地方有关法律法规的要求。

施工时需采取有效降噪措施，加强施工设备的维修保养。具体措施有脚手架拆卸及搬运作业时注意轻拿轻放，禁止用大锤敲打钢构件，使用电锯加工模板、切割钢管时应及时在电锯上刷油等。对于无法设置隔音设备的作业项目，需合理安排施工，避免机械施工过于集中。合理安排施工时间，尽量避免安排噪声大的工序在中午、夜间和节假日施工。

（2）振动控制措施。施工前应采取有效措施将施工产生的振动减小到最低幅度，符合国家法律法规的相关要求。

（3）大气污染防治措施。在施工中需控制扬尘，它是主要的大气污染源。载土车辆应采取封闭式运输方式，且在进出施工场地时对车辆进行冲洗。水泥、砂石料、土方采用覆盖、洒水湿润等措施。施工场地及临时道路进行硬化并加强洒水，以减少和控制大气污染。

应制定控制措施控制机动车尾气排放和装载货物扬散、流失、渗漏情况。应确定大型运输作业运输过程重要环境因素控制点，并制定具体、有效且可行的措施。

（4）水污染的防治措施。施工作业产生的废水需经过特定方法处理后再排入城市下水道。施工中要防止污染地下水。开工前应对施工中可能干枯的水井进行调查，并与使用者进行协商，采取必要的控制措施；施工中还应进行不间断的监视，要严格进行施工管理，控制水污染。

（5）废弃物的防治措施。首先，废木箱、废纸箱、边角料等可直接回收利用的废弃物，应及时收集清理并保持好现场卫生。施工现场废弃零部件、废金属等应分类存放，要有醒目的标志，并且按企业相关规定定期处理。其次，废电线、电缆等不可直接回收利用的废弃物，应由相关部门按照当地环保部门的要求，运往专门地点进行处理。最后，在施工中应合理处理生活垃圾，应指定具体负责人对施工现场的生活垃圾进行清理、分类、集中堆放和监管，并在批准的地点进行处理。

（6）防火、防爆措施。在施工时必须采取必要的防火、防爆措施。在施工现场显著位置应设有防火宣传标志，定期对职工进行防火教育并组织防火检查，建立防火、防爆工作记录和档案。施工现场应有满足消防要求的消防设施。建立完善的动用明火审批制度，动用明火施工前必须向项目经理部安全生产组报告，经审核同意后，在安全员的监护下方可操作。从事电气设备安装和电、气焊切割作业时必须要有特种作业操作证和动火许可证方可作业。动火前必须移除施工作业附近易燃易爆物，并配备合适的灭火器。需要注意，动火许可证仅限当日有效，且动火地点变更要重新办理动火手续。不得使用易燃材料搭设临时建筑和库房，且搭设的临时建筑和库房应符合防火要求。施工材料的存放、保管应符合防火要求；易燃易爆物品应专库储存，分类单独存放，保持通风。施工现场严禁吸烟，必要时可设置有防火措施的吸烟室。

施工现场和生活区，未经保卫部门批准不得使用电热器具。氧气瓶、乙炔瓶的工作间距不少于5 m，两瓶同时明火作业距离不小于10 m。禁止在施工中使用液化石油气钢瓶、乙炔发生器作业。在施工中要坚持防火安全交底制度，特别对电焊、气焊、油漆、粉刷等危险作业，要有具体防火要求。

（7）绿化及保护措施。应安排足够的人力和工具保持工地现场干净、整洁和安全，随时无条件接受监理指令。场地围墙应整齐美观，场内地面应整洁，出入车辆要清洗干净，同时开辟场地间隙种花植草，在大门及围墙周围设置绿化带，以使施工现场与周围环境相协调。

对施工场地范围内的和施工可能触及的需要保护的树木、广告、管线、建筑物、构筑物等，通过加防护围栏、悬挂标签和标记的方式妥善保护，以免施工机具及人员等对其造成破坏，并安排专人经常检查防护，施工完毕后将其完好无损地向业主移交。

3. 施工环境检查

在工程项目施工中应严格执行环境管理方案，要及时对环境管理运行情况进行检查。项目经理部每周检查一次，由各小组检查人员填写检查记录。当发生事故或紧急情况时，应及时做出响应。

环境管理运行情况检查内容包括：施工区域生活污水、固体废弃物、空气污染以及施工噪声的管理情况，现场文明施工情况是否符合标准化工地建设要求等。

培训项目 5

施工消防安全知识

培训重点

了解施工现场发生火灾的原因
熟悉施工现场消防安全管理要求
了解火灾的分类和灭火原则
熟悉灭火器的使用和人员急救常识

一、施工现场发生火灾的原因

在电梯安装维修施工现场易发生火灾的原因主要如下。

第一，施工过程常易遗留较多可燃物，常见的有易燃的施工尾料、润滑油、油漆、涂料、带油污的抹布等。

第二，施工过程中经常需要进行电焊、切割等动火作业，若动火作业控制不慎，产生的火星引燃施工现场的可燃物，极易引发火灾。

第三，施工现场使用大功率机械设备较多，易造成过负荷用电，引发火灾。此外，电气线路若出现接触不良、短路、漏电、打火等现象也易引发火灾。

第四，施工人员流动性大，各作业工种之间相互交错，管理难度大，某些员工责任心不强，素质差，乱动机械、乱丢烟头等现象时有发生，造成火灾隐患。

由于施工现场易发生火灾，必须加强消防安全管理，建立健全安全责任制度，预防火灾发生。施工现场的消防安全管理应由施工单位负责。监理单位应对施工现场的消防安全管理实施监理。施工单位应根据项目规模、现场消防安全管理的重点，在施工现场建立消防安全管理组织机构及义务消防组织，并应确定消防安全负责人和消防安全管理人员，同时应落实相关人员的消防安全管理责任。

二、施工现场消防安全管理要求

1. 施工现场消防安全管理内容

（1）制定消防安全管理制度。施工单位应针对施工现场可能导致火灾发生的施工作业及其他活动，制定包括消防安全教育培训制度，可燃物及易燃易爆危险品管理制度，用火、用电、用气管理制度，消防安全检查制度和应急预案演练制度在内的消防安全管理制度。

（2）编制防火技术方案。结合施工现场和各分部、分项工程施工的具体情况编制施工现场防火技术方案，指导施工人员消除或控制火灾危险源，从而降低火灾的发生率和减少火灾的危害。施工现场防火技术方案主要包括现场重大火灾危险源辨识，防火技术措施，临时疏散设施设备、临时消防设施和消防警示标志布置。

（3）编制施工现场灭火及应急疏散预案。施工单位应编制施工现场灭火及应急疏散预案，并依据预案，定期开展灭火及应急疏散的演练。预案内容应包括应急灭火处置机构及各级人员应急处置职责，报警、接警处置的程序和通信联络的方式，扑救初起火灾的程序和措施，以及应急疏散及救援的程序和措施等。

（4）进行消防安全教育培训。对全体施工人员进行消防安全教育培训。消防安全教育培训的重点是提高施工人员的防火安全意识，培养扑灭初起火灾的能力和自我防护的能力。按照项目管理相关规定，施工现场的消防安全管理人员应向新进的施工人员进行消防安全教育培训。

（5）进行消防安全技术交底。在施工作业前，施工现场管理人员应向所有在火灾危险场所作业的人员或实施具有火灾危险工序的人员进行消防安全技术交底。交底时应针对存在火灾危险的具体作业场所或工序，向作业人员传授如何预防火灾、扑灭初起火灾、自救逃生等方面的知识和技能。

（6）进行消防安全检查。施工过程中，施工现场的消防安全负责人应定期组织消防安全管理人员对施工现场的消防安全进行检查。消防安全检查包括可燃物及易燃易爆危险品的管理是否落实、动火作业的防火措施是否落实、是否有违章操作、临时消防设施与疏散设施是否完好有效，以及临时消防车通道是否畅通等。

（7）建立消防安全管理档案。施工单位应保存好施工现场消防安全管理的相关文件和记录，建立消防安全管理档案。

2. 施工现场火灾的预防

为了保证施工现场的消防安全，应在源头消除隐患。

首先，在施工前应整体规划施工现场总平面布局，应明确与现场防火、灭火及人员疏散密切相关的临建设施的具体位置，以满足现场防火、灭火及人员疏散的要求。下列临时用房和临时设施应纳入施工现场总平面布局。

——施工现场的出入口、围墙、围挡。

——施工现场内的临时道路。

——给水管网或管路，以及配电线路敷设或架设的走向、高度。

——施工现场办公用房、宿舍、发电机房、配电房、可燃材料库房、易燃危险品库房、可燃材料堆场及其加工场、固定动火作业场等。

——临时消防车通道、消防救援场地和消防水源。

其次，应对重点区域进行布置规划。如施工现场出入口的设置应满足消防车通行的要求，并布置在不同方向，其数量不宜少于 2 个；设置固定动火作业场；易燃易爆危险品库房应远离明火作业区、人员密集区和建筑物相对集中区等。

3. 可燃物及易燃易爆危险品管理

（1）施工工程所用各种材料的燃烧性能等级、耐火极限等应符合设计要求及国家相关标准要求。

（2）可燃材料及易燃易爆危险品应按计划分批定量进场。可燃材料及易燃易爆危险品进场后应分类专库储存，库房内应通风良好，并设置禁火标志。

（3）施工现场应保持通风良好，作业场所严禁明火，并应避免产生静电。

（4）施工中产生的可燃、易燃固体垃圾应及时清理。

4. 用火、用电、用气管理

（1）动火作业人员应按照相关规定，具有相应职业资格证才能上岗作业。在动火作业前，动火作业人员应提出动火作业申请，经项目管理人员签发动火许可证后方可进行动火作业。动火作业前必须对作业现场的可燃物进行清理。对现场及其附近无法移走的可燃物，应采用可靠的防火措施进行隔离。焊接、切割或加热等动火作业，应配备灭火器材，并设动火监护人进行现场监护，每个动火作业点均应设置一个监护人，如图 6-13 所示。动火作业后，应对现场进行检查，确认无火灾隐患后，动火作业人员方可离开。

（2）电气线路应具有相应的绝缘强度和机械强度，破损、烧焦的插座、插头应及时更换。电气设备不应超负荷运行或带故障使用。施工现场若存在爆炸和火

图 6-13　动火作业现场

灾危险，应根据危险等级选用与之相应的电气设备，且电气设备与可燃物、易燃易爆物品和腐蚀性物品必须保持一定安全距离。可燃材料库房不应使用高热灯具，易燃易爆危险品库房内应使用防爆灯具。电气线路应设置漏电保护器、过载保护器等安全保护元器件，并应定期对电气设备和线路的运行及维护情况进行检查。禁止私自改装现场的供电设施，现场供电设施的改装应经具有相应资质的电气工程师批准，并由具有相应资质的电工实施。

（3）储装气体的罐瓶及其附件应合格、完好和有效。严禁使用减压器及附件缺损的氧气瓶，严禁使用乙炔专用减压器、回火防止器及附件缺损的乙炔瓶。气瓶在运输、存放、使用时应保持直立状态，并采取防倾倒措施，严禁碰撞、敲打、抛掷、滚动气瓶。气瓶应远离火源，距火源距离不应小于 10 m，并应采取措施避免高温和暴晒。气瓶应分类储存，库房内通风要良好。使用前应检查气瓶及气瓶附件的完好性，检查连接气路的气密性，并采取避免气体泄漏的措施，严禁使用已老化的橡胶气管。氧气瓶内剩余气体的压力不应小于 0.1 MPa。气瓶用后应及时归库。

5. 其他施工管理

（1）设置防火标志。施工现场的临时发电机房、变配电房、易燃易爆危险品存放库房和使用场所、可燃材料堆场及其加工场、宿舍等重点防火部位或区域，应在醒目位置设置防火警示标志。施工现场严禁吸烟，应设置禁烟标志。

（2）做好临时消防设施维护。施工单位应做好施工现场临时消防设施的日常维护工作。临时消防车通道、临时疏散通道、安全出口应保持畅通，不得遮挡、挪动疏散指示标志，不得挪用消防设施。施工现场尚未完工前，临时消防设施和临时疏散设施不应被拆除，应确保使用有效。

三、火灾急救常识

1. 火灾的分类

火灾根据可燃物的类型和燃烧特性，分为 A、B、C、D、E、F 六大类。不同类型火灾应采取不同灭火措施。

A 类火灾：固体物质火灾。这类固体物质通常具有有机物的性质，一般在燃烧时能产生灼热的余烬，如木材、干草、煤炭、棉、毛、麻、纸张、塑料（燃烧后有灰烬）等火灾。扑救 A 类火灾可选择泡沫灭火器、磷酸铵盐干粉灭火器，卤代烷灭火器，也可用冷水浇在燃烧物上，降低其温度直至火熄灭。

B 类火灾：液体或可熔化的固体物质火灾，如煤油、柴油、原油、甲醇、乙醇、沥青、石蜡等火灾。扑救 B 类火灾可选择泡沫灭火器、干粉灭火器、卤代烷灭火器、二氧化碳灭火器。

C 类火灾：气体火灾，如煤气、天然气、甲烷、乙烷、丙烷、氢气等火灾。扑救 C 类火灾可选用干粉、水、七氟丙烷灭火剂。

D 类火灾：金属火灾，如钾、钠、镁、钛、锆、锂、铝镁合金等火灾。扑救 D 类火灾可选择粉状石墨灭火器、专用干粉灭火器，也可用干砂或铸铁屑末代替。

E 类火灾：带电火灾，即物体带电燃烧的火灾。扑救 E 类火灾可选择干粉灭火器、卤代烷灭火器、二氧化碳灭火器等。

F 类火灾：烹饪器具内的烹饪物（如动植物油脂）火灾。扑救 F 类火灾可选择干粉灭火器。

电梯施工现场容易发生的火灾是 B 类、C 类和 E 类。在火灾发生时应立即判断是哪类火灾，然后采取相应的扑救方法。

2. 灭火器及其使用

灭火器是施工现场的重要灭火设备。灭火器的种类很多，按其移动方式可分为手提式和推车式，如图 6-14 所示，常用手提式灭火器的使用方法如图 6-15 所示；按所充装的灭火剂则又可分为干粉、泡沫、二氧化碳灭火器等。

（1）干粉灭火器。干粉灭火器内充装的是干粉灭火剂，利用压缩的二氧化碳吹出干粉来灭火。干粉灭火剂是用于灭火的干燥且易于流动的微细粉末，由具有灭火效能的无机盐和少量的添加剂经干燥、粉碎、混合而成。干粉灭火器适用于扑救石油、石油产品、油漆、有机溶剂和电器设备火灾。

图6-14　手提式和推车式灭火器

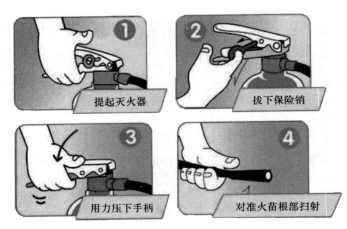

图6-15　手提式灭火器使用方法

（2）泡沫灭火器。泡沫灭火器内有两个容器，分别盛放硫酸铝和碳酸氢钠溶液，两种溶液互不接触，不发生任何化学反应。在使用泡沫灭火器时，把灭火器倒立，两种溶液混合在一起，就会产生大量的二氧化碳气体。泡沫灭火器适用于 A 类、B 类火灾及醚、醇、酯、酮、有机酸、杂环等极性溶剂火险场所。

（3）二氧化碳灭火器。二氧化碳灭火器利用所充装的液态二氧化碳喷出灭火。二氧化碳灭火器适用于 A、B、C 类火灾，不适用于金属火灾，通常用于扑救 600 V 以下的带电电器、贵重物品和设备、图书资料等的初起火灾，以及一般可燃液体的火灾。

 **特别提示**

使用灭火器应遵循的基本规则

1）灭火器应放置在合适位置，不能放在距离火灾可能发生点太近的地方。

2）为方便使用，灭火器应放在靠近门的明显的地方，必要时还应设立标志牌。灭火器附近不能堆放杂物，要保持道路畅通。

3）使用灭火器时，首先保证自己的安全，其次应在尽可能靠近火源的地方打开开关。需注意灭火剂释放速度很快，大多数小型干粉灭火器只能释放8～25 s。

4）在灭火前应观察周围环境，为自己保留逃脱出口，一旦火势无法控制，可以方便逃脱。

5）灭火器要专物专用，定期保养，存放点要适当，机件要完好，灭火剂要在保质期内。

3. 灭火原则

无论在任何场所、任何情况下，一旦发现火灾，应立即拨打"119"火警电话，同时积极参加扑救。实践经验证明，刚起火的十几分钟是控制火灾的关键时间，在这个关键时间内需要利用现场灭火器材及时扑救，尽早地控制火势和灭火。灭火时应遵循以下原则：报警早、损失小，边报警、边扑救，先控制、后灭火，先救人、再救物。同时还需组织人员积极抢救被困者，疏散物资，建立空间地带。

4. 人员急救常识

发生火灾时，现场人员要保持冷静，不要惊慌，了解起火点、被困点及逃生通道，采取必要措施及时进行自救和互救。

（1）自救逃生方法。首先，火灾现场通常会有浓烟，烟雾一般是向上流动，地面上的烟雾相对比较稀薄，因此在撤离过程中若被浓烟围困，应采用低姿势撤离或匍匐穿过浓烟区。如果条件允许，可用湿毛巾等捂住嘴、鼻，以便迅速撤出烟雾区。其次，若随身衣物着火，应立即将其脱掉，也可把衣服撕碎扔掉，或者就地倒下打滚，把身上的火焰压灭；在场的其他人员应立即采取合理措施帮助着火人灭火，具体采取措施有用湿麻袋、毯子等物把着火人包裹起来以窒息火焰，向着火人身上浇水，帮助着火人撕下衣服等。身上着火时切记不要狂奔乱跑。

（2）火场救人方法。发生火灾时，在紧急情况下需要参与救人行动。消防员是经过培训的有专业救援知识和专业灭火设备的人员；而一般人员没有经过正规的培训，缺乏专业的技能和知识，在参与火场救援活动时容易受伤。一般人员在参与救援前应掌握一些基本常识和救人技能。

1）寻找被困人员。被困人员通常会在车间的通道、楼梯、窗门、墙角、门后、车间的机器旁边、工作台下、控制室等位置。

2）从燃烧区向外抢救被困人员时，若受到浓烟、火焰或热辐射威胁，救援人员和被困人员可采用低姿势或匍匐行进。

3）进入燃烧区的救援人员应随身携带安全防护和救援相关设备保护自身和被救援人员的安全。如携带安全绳、照明灯具、氧气呼吸机，穿隔热服等。抢救出的伤员要及时送往医院救治。

理论知识习题

一、判断题（将判断结果填入括号中，正确的填"√"，错误的填"×"）

1. 井道作业人员必须注意相互呼应，密切配合。井道内必须用 36V 以下的低压照明灯，并保证足够的亮度。　　　　　　　　　　　　　　　　（　　）

2. 在三验证之前，必须在基站和需进入轿顶的楼层层门前和轿厢内各放置一个防护栏。　　　　　　　　　　　　　　　　　　　　　　　　　（　　）

3. 凡检修的电气设备停电后，可以验电，但是在明显断电的情况下也可以不验。　　　　　　　　　　　　　　　　　　　　　　　　　　　　（　　）

4. 高压输电线路的电压高达几万伏甚至几十万伏，即使不直接接触，也能使人致命。　　　　　　　　　　　　　　　　　　　　　　　　　（　　）

5. 动火前必须移除附近易燃物，配备看火人员和灭火用具，动火许可证仅限当日有效，当日动火地点变更不需要重新办理动火手续。　　　　（　　）

二、单项选择题（选择一个正确的答案，将相应的字母填入题内的括号中）

1. 火灾起于可燃液体，如润滑油、机油、汽油、涂料、油漆和其他液体，这类火灾属于（　　）。

A. A 级火灾　　　　B. B 级火灾　　　　C. C 级火灾　　　　D. D 级火灾

2. 发生 B 级火灾时不能用（　　）灭火。

A. 泡沫灭火器　　　　　　　　B. 干粉灭火器

C. 二氧化碳灭火器　　　　　　D. 水

3. 施工期间机械的噪声控制方法不包括（　　）。

A. 设隔音罩　　　　　　　　　B. 隔音板

C. 尽量使用环保机具　　　　　D. 夜间施工

4. 不需要申请用火许可证的工种是（　　）。

A. 电工　　　　　B. 焊工　　　　　C. 钳工　　　　　D. 切割工

5. 井道的勘测需要（　　）进行。

A. 两人配合　　　　　　　　　B. 三人配合

C. 一人独立　　　　　　　　　D. 两人分开

6. 下列选项中关于轿顶作业的描述正确的是（　　）。

A. 离开轿顶时，轿顶上可以留存备品，以备下次维修使用。

B. 在轿顶作业时，应使轿顶的检修开关处于检修状态。

C. 在进入轿顶后，不需要关闭层门，以便观察外部情况。

D. 在轿顶作业时，可以根据自己的需要运行电梯，不需要口令与配合。

7. （   ）装在电梯井道的上端和下端，用于轿厢到达顶部和底部的减速切换。

A. 强迫减速开关　　　　　　　　　B. 限位开关

C. 极限开关　　　　　　　　　　　D. 层门门锁与轿门电气联锁装置

8. 层门和轿门在关闭的过程中如果被人或物体挡住，（   ）能够启动电动机反向运行，防止夹伤人。

A. 层门电气联锁　　　　　　　　　B. 轿门电气联锁

C. 安全触板　　　　　　　　　　　D. 光幕

9. 在有电击危险的环境中使用的手持照明灯和局部照明灯应采用（   ）V 的安全电压。

A. 24　　　　　　B. 48　　　　　　C. 220　　　　　　D. 5

10. 下列描述中错误的是（   ）。

A. 底坑里必须有低压照明灯，且亮度应能满足作业要求。

B. 在底坑作业时，特殊情况下可以允许机房、轿顶等处同时进行检修。

C. 在底坑作业时必须观察所处环境位置，带好操作工具，严禁吸烟。

D. 首先切断电梯的急停开关，再下到底坑作业。

理论知识复习题参考答案

一、判断题

1. √　2. √　3. ×　4. √　5. ×

二、单项选择题

1. B　2. D　3. D　4. C　5. A　6. B　7. A　8. D　9. A　10. B

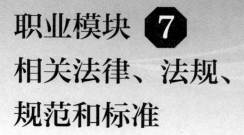

职业模块 **7**

相关法律、法规、
规范和标准

培训项目 ① 我国特种设备法律法规体系

培训重点

了解法律、法规和规章的概念
了解安全技术规范和标准的概念

我国特种设备的法律法规体系如图 7-1 所示，分为五个层级。

1. 法律

法律是由我国最高权力机关全国人民代表大会和全国人民代表大会常务委员会行使国家立法权制定和修改的，经审议、修改和表决通过后，由国家主席签署主席令予以公布。因此法律的级别是最高的。法律的效力高于行政法规、地方性法规、规章。

《中华人民共和国劳动法》《中华人民共和国劳动合同法》《中华人民共和国安全生产法》《中华人民共和国特种设备安全法》等皆属于此级。

图 7-1　我国特种设备法律法规体系图

2. 行政法规和地方性法规

（1）行政法规。行政法规由国务院组织起草。国务院有关部门认为需要制定行政法规的，应当向国务院报请立项。行政法规在起草过程中，应当广泛听取有关机关、组织和公民的意见。听取意见可以采取座谈会、论证会、听证会等多种形式。行政法规起草工作完成后，起草单位应当将草案及其说明、各方面对草案主要问题的不同意见和其他有关资料送国务院法制机构进行审查。行政法规由总理签署国务院令公布。行政法规的效力高于地方性法规、规章。

行政法规一般以条例、办法、实施细则、规定等形式作成。例如《特种设备安全监察条例》等属于此级。

（2）地方性法规。地方性法规由地方（省、自治区、直辖市）人大常委会批准，由地方行政首脑签署后发布实施。地方性法规是除宪法、法律、国务院行政法规外在地方具有最高法律属性和国家约束力的行为规范。地方性法规的效力高于本级和下级地方政府规章。

例如《江苏省特种设备安全条例》《江西省特种设备安全条例》《深圳经济特区特种设备安全条例》等皆属于此级。

3. 规章

根据制定机关的不同，规章可以分为两类。一种规章是由国务院的组成部门和直属机构在它们的职权范围内制定的规范性文件，无须经国务院批准，这是行政规章，或者称为部门规章。行政规章要服从宪法、法律和行政法规，其与地方性法规处于一个级别。另一种规章是地方行政规章，由省、自治区和直辖市人民政府，以及省人民政府所在地的市的人民政府和国务院批准的较大的市的人民政府制定的规范性文件。地方政府规章除了服从宪法、法律和行政法规外，还要服从地方性法规。规章的名称一般称"规定""办法"，但不得称"条例"。

例如《全国专业标准化技术委员会管理办法》《浙江省专业技术人员继续教育规定》《杭州市电梯安全管理办法》等皆属于此级。

4. 安全技术规范

特种设备安全技术规范（简称TSG）是国家市场监督管理总局为加强特种设备管理而制定的一系列规范的统称，是规定特种设备的安全性能和节能要求以及相应的设计、制造、安装、修理、改造、使用管理和检验、检测方法等内容的国家强制要求。TSG是政府部门履行特种设备管理职责的依据之一，是直接指导特种设备安全工作并具有强制约束力的规范。

《特种设备安全法》规定，TSG由国务院负责特种设备安全监督管理的部门即国家市场监督管理总局制定，国务院其他部门和地方管理部门不得制定。目前有9种类别，分别用以下字母表示：Z—综合；G—锅炉；R—压力容器；D—压力管道；T—电梯；Q—起重机械；S—客运索道；Y—大型游乐设施；N—场（厂）内机动车辆。例如《特种设备制造、安装、改造、维修许可鉴定评审细则》（TSG Z0005—2007）、《电梯监督检验和定期检验规则—曳引与强制驱动电梯》

（TSG T7001—2009）等皆属于此级。

5. 标准

目前电梯的标准主要由国家标准（GB）、地方标准（DB）、行业标准（J）和企业标准（Q）组成。其中，国家标准由国务院标准化行政主管部门制定，地方标准由省、自治区、直辖市的标准化行政主管部门制定，行业标准由国务院有关行政主管部门制定。

对保障人身健康和生命财产安全、国家安全、生态环境安全以及满足经济社会管理基本需要的技术要求，应当制定强制性国家标准。对满足基础通用、与强制性国家标准配套、对各有关行业起引领作用等需要的技术要求，可以制定推荐性国家标准。《国家标准管理办法》规定：强制性国家标准的代号为"GB"，推荐性国家标准的代号为"GB/T"。例如，《电梯制造与安装安全规范》（GB 7588—2003）属于强制性国家标准，《电梯安装验收规范》（GB/T 10060—2011）属于推荐性国家标准。

市场自主制定的标准分为团体标准和企业标准。

团体标准是由团体按照团体确立的标准制定程序自主制定发布，由社会自愿采用的标准。在标准管理上，对团体标准不设行政许可，由社会组织和产业技术联盟自主制定发布，通过市场竞争优胜劣汰。例如《既有建筑加装电梯》（T/ZZB 0839—2018）就是由浙江省品牌建设联合会发布的浙江制造团体标准。

企业生产的产品没有国家标准和行业标准的，应当制定企业标准，作为组织生产的依据，并报有关部门备案；已有国家标准或者行业标准的，国家鼓励企业制定严于国家标准或者行业标准的企业标准，在企业内部适用。

培训项目 **2**
电梯相关法律法规和规范标准

培训重点

了解电梯相关法律法规

了解电梯相关技术规范

了解电梯相关国家标准

一、电梯相关法律法规

1.《中华人民共和国劳动法》

《中华人民共和国劳动法》立法目的是保护劳动者的合法权益，调整劳动关系，建立和维护适应社会主义市场经济的劳动制度，促进经济发展和社会进步。在中华人民共和国境内的企业、个体经济组织和与之形成劳动关系的劳动者，适用本法。国家机关、事业组织、社会团体和与之建立劳动合同关系的劳动者，依照本法执行。

2.《中华人民共和国劳动合同法》

《中华人民共和国劳动合同法》立法目的是完善劳动合同制度，明确劳动合同双方当事人的权利和义务，保护劳动者的合法权益，构建和发展和谐稳定的劳动关系。中华人民共和国境内的企业、个体经济组织、民办非企业单位等组织与劳动者建立劳动关系，订立、履行、变更、解除或者终止劳动合同，适用本法。国家机关、事业单位、社会团体和与其建立劳动关系的劳动者，订立、履行、变更、解除或者终止劳动合同，依照本法执行。

3.《中华人民共和国安全生产法》

《中华人民共和国安全生产法》立法目的是加强安全生产工作，防止和减少生产安全事故，保障人民群众生命和财产安全，促进经济社会持续健康发展。《中华人民共和国安全生产法》自 2002 年 11 月 1 日起施行。在中华人民共和国领域内从事生产经营活动的单位的安全生产，适用本法（有关法律对某些行业另有规定的除外）。

4.《中华人民共和国特种设备安全法》

《中华人民共和国特种设备安全法》是为加强特种设备安全工作，预防特种设备事故，保障人身和财产安全，促进经济社会发展而制定的。由全国人民代表大会常务委员会于 2013 年 6 月 29 日公布，自 2014 年 1 月 1 日起施行。本法确立了企业承担安全主体责任、政府履行安全监管职责和社会发挥监督作用三位一体的特种设备安全工作新模式。

5.《特种设备安全监察条例》

《特种设备安全监察条例》是由国务院公布施行的一部安全监察条例，主要为了加强特种设备的安全监察，防止和减少事故，保障人民群众生命和财产安全，促进经济发展。本条例于 2003 年 3 月 11 日公布，自 2003 年 6 月 1 日起施行。《特种设备安全监察条例》对特种设备生产、使用和检验的安全要求和法律责任进行了明确。

二、电梯相关安全技术规范

1. TSG 07—2019《特种设备生产和充装单位许可规则》

本规则的制定目的是规范特种设备生产（设计、制造、安装、改造、修理）和充装单位许可工作。在中华人民共和国境内使用的特种设备，其设计、制造、安装、改造、修理、充装单位的许可，适用本规则。

本规则自 2019 年 6 月 1 日起施行。

2. TSG 08—2017《特种设备使用管理规则》

本规则的制定目的是规范特种设备使用管理，保障特种设备安全经济运行。本规则适用于《特种设备目录》范围内的特种设备的安全与节能管理。

本规则自 2017 年 8 月 1 日起施行。

3. TSG T5002—2017《电梯维护保养规则》

本规则的制定目的是规范电梯维护保养行为。本规则适用于《特种设备目录》范围内电梯的维护保养工作。消防员电梯、防爆电梯的维保单位，应当按照制造单位的要求制定维保项目和内容。

本规则自 2017 年 8 月 1 日起施行。

4. TSG T7001—2009《电梯监督检验和定期检验规则—曳引与强制驱动电梯》

本规则的制定目的是加强曳引与强制驱动电梯安装、改造、修理、日常维护保养、使用和检验工作的监督管理，规范曳引与强制驱动电梯安装、改造、重大修理监督检验和定期检验行为，提高检验工作质量，促进曳引与强制驱动电梯运行安全保障工作的有效落实。

本规则于 2010 年 4 月 1 日起施行。

5. TSG T7005—2012《电梯监督检验和定期检验规则—自动扶梯和自动人行道》

本规则的制定目的是加强自动扶梯与自动人行道安装、改造、修理、日常维护保养、使用和检验工作的监督管理，规范自动扶梯与自动人行道安装、改造、重大修理监督检验和定期检验行为，提高检验工作质量，促进自动扶梯与自动人行道运行安全保障工作的有效落实。

本规则于 2012 年 7 月 1 日起施行。

三、电梯相关国家强制性标准

1. GB 28621—2012《安装于现有建筑物中的新电梯制造与安装安全规范》

本标准规定了永久安装于现有建筑物中，因受建筑物限制而不能满足 GB 7588—2003 和 GB 21240—2007 某些要求的，新的乘客电梯及载货电梯的安全准则。本标准列举了这些限制并给出了解决方案的要求。

本标准适用于：安装于现有建筑物中的新电梯的制造和安装，用新电梯更换已有井道和机器空间中的在用电梯。

本标准于 2012 年 6 月 29 日发布，自 2013 年 5 月 1 日起实施。

2. GB 7588—2003《电梯制造与安装安全规范》

本标准规定了乘客电梯、病床电梯及载货电梯制造与安装应遵守的安全准则，以防电梯运行时发生伤害乘客和损坏货物的事故。

本标准适用于电力驱动的曳引式或强制式乘客电梯、病床电梯及载货电梯。

本标准从 2004 年 1 月 1 日起实施。

3. GB 16899—2011《自动扶梯和自动人行道的制造与安装安全规范》

本标准适用于新制造的自动扶梯和踏板式或胶带式自动人行道。本标准的目的是给出自动扶梯和自动人行道的安全要求，以保护在安装、运行、维修和检查工作期间的人员和物体。

本标准自发布之日（2011 年 7 月 29 日）起实施。

4. GB 21240—2007《液压电梯制造与安装安全规范》

本标准规定了永久安装的新液压电梯的制造与安装应遵守的安全准则。

本标准适用于轿厢由液压缸支承或由钢丝绳或链条悬挂并在与垂直面倾斜度不大于 15° 的导轨间运行，用于运送乘客或货物至指定层站的液压电梯。

本标准于 2007 年 11 月 1 日发布，自 2008 年 1 月 1 日起实施。

5. GB 25194—2010《杂物电梯制造与安装安全规范》

本标准规定了永久安装的新电力驱动的曳引式或强制式杂物电梯和液压杂物电梯的制造与安装应遵守的安全准则。

本标准适用于额定载重量不大于 300 kg，且不允许运送人员的杂物电梯。

本标准于 2010 年 9 月 26 日发布，自 2011 年 6 月 1 日起实施。

四、电梯相关国家推荐性标准

1. GB/T 7024—2008《电梯、自动扶梯、自动人行道术语》

本标准规定了电梯、自动扶梯、自动人行道术语。

本标准适用于制定标准，编制技术文件，编写和翻译专业手册、教材及书刊。

2. GB/T 10058—2009《电梯技术条件》

本标准规定了乘客电梯和载货电梯的技术要求、检验规则以及标志、包装、运输与贮存等要求。

本标准适用于额定速度不大于 6.0 m/s 的电力驱动曳引式和额定速度不大于 0.63 m/s 的电力驱动强制式的乘客电梯和载货电梯。

3. GB/T 10059—2009《电梯试验方法》

本标准规定了乘客电梯和载货电梯整机和部件的试验方法。

本标准适用于额定速度不大于 6.0 m/s 的电力驱动曳引式和额定速度不大于 0.63 m/s 的电力驱动强制式的乘客电梯和载货电梯。

4. GB/T 10060—2011《电梯安装验收规范》

本标准规定了电梯安装验收的条件、项目、要求和规则。

本标准适用于额定速度不大于 6.0 m/s 的电力驱动曳引式和额定速度不大于 0.63 m/s 的电力驱动强制式乘客电梯、载货电梯。

培训项目 **3**

电梯许可分级与企业要求

培训重点

了解电梯许可分级

了解企业作业人员数量要求

了解企业培训能力要求

了解检测仪器试验装置要求

一、电梯许可分级

2019 年 1 月 16 日，国家市场监督管理总局发布《特种设备生产单位许可目录》，对电梯许可参数级别划分和覆盖关系进行了规定（见表 7-1）。

表 7-1　许可参数级别

设备类别	许可参数级别			备注
	A1	A2	B	
曳引驱动乘客电梯（含消防员电梯）	额定速度 > 6.0 m/s	2.5 m/s< 额定速度≤ 6.0 m/s	额定速度 ≤ 2.5 m/s	A1 级覆盖 A2 和 B 级，A2 级覆盖 B 级
曳引驱动载货电梯和强制驱动载货电梯（含防爆电梯中的载货电梯）	不分级			
自动扶梯与自动人行道	不分级			
液压驱动电梯	不分级			
杂物电梯（含防爆电梯中的杂物电梯）	不分级			

二、企业作业人员数量要求

2019 年 5 月 13 日，国家市场监督管理总局发布《特种设备生产和充装单位许可规则》，规定了申请特种设备生产需要具备的资源条件、质量保证体系和安全管理制度等许可条件，明确了电梯生产企业需要作业人员的数量要求〔制造（含安装、修理、改造）专项条件〕。

A1 作业人员：持电梯修理作业资格证的人员不少于 35 人，其中持电梯修理作业资格证 6 年以上或者取得电梯中级技工职业资格证的技术工人不少于 8 人。

A2 作业人员：持电梯修理作业资格证的人员不少于 20 人，其中持电梯修理作业资格证 6 年以上或者取得电梯中级技工职业资格证的技术工人不少于 5 人。

B 作业人员：持电梯修理作业资格证书的人员不少于 10 人，其中持电梯修理作业资格证 6 年以上或者取得电梯中级技工职业资格证的技术工人不少于 3 人。

杂物电梯作业人员：持电梯修理作业资格证书的人员不少于 5 人，其中持电梯修理作业资格证 6 年以上或者取得电梯中级技工职业资格证的技术工人至少 1 人。

为了降低企业的用人成本，在规定了各许可级别的技术人员数量要求时，该规则给出了技术工人相当于技术人员的条件，即高级技师和技师可以分别相当于工程师和助理工程师。

三、企业培训能力要求

《特种设备生产和充装单位许可规则》还规定了电梯生产企业需要具备的培训能力。

——具有培训电梯安装改造修理技术工人的场地、专用设备，自有井道满足培训的要求，能够对作业人员进行电梯实际操作技能的培训（适用于曳引驱动乘客电梯、曳引驱动载货电梯和强制驱动载货电梯、液压驱动电梯制造单位）。

——具有培训组装调试、安装改造修理技术工人的场地和自有培训设备，能够对作业人员进行实际操作技能的培训（适用于自动扶梯与自动人行道制造单位）。

从 2019 年 6 月 1 日起，电梯作业证书已经从《电梯机械安装维修 T1》《电梯电气安装维修 T2》《电梯司机 T3》三项精简为《电梯修理》一项，这降低了从业门槛。电梯安装虽然没有资格要求，但生产企业必须对安装工人进行培训后才能安排其上岗（企业必须具备培训条件和能力），以保证安装质量和安全。另外，将原来的改造资质从安装资质中抽出，仅有制造单位才有改造资质，安装含修理资质。电梯制造企业应对其安装、改造、修理进行安全指导和监控，按照安全技术规范的要求进行校验和调试，并对电梯安全性能负责。

四、检测仪器试验装置要求

《特种设备生产和充装单位许可规则》中对电梯生产单位需要具备的检测仪器和试验装置作了规定，初级工、中级工、高级工、技师和高级技师应根据所在电梯生产企业的类型和自己的技能等级，掌握不同检测仪器和试验装置的性能和操作步骤，全面提高自己的安装、改造、修理及维护保养技能，保证施工质量。

1. 检测仪器

电梯生产企业应当具有符合表 7-2 要求的以下检测仪器。

表 7-2　检测仪器

许可子项目	制造单位	安装单位
曳引驱动乘客电梯（含消防员电梯）（A1）	本条（1）~（11）项	本条（1）~（5）、（8）~（10）项
曳引驱动乘客电梯（含消防员电梯）（A2）	本条（1）~（7）、（10）、（11）项	本条（1）~（5）、（9）、（10）项
曳引驱动乘客电梯（含消防员电梯）（B）	本条（1）~（7）、（10）、（11）项	本条（1）~（5）、（10）项
曳引驱动载货电梯和强制驱动载货电梯（含防爆电梯中的载货电梯）	本条（2）~（7）、（10）、（11）项	本条（2）~（5）、（10）项
自动扶梯与自动人行道	本条（2）~（7）、（10）、（11）项	本条（2）~（5）、（10）项
液压驱动电梯	本条（2）~（7）、（10）~（12）项	本条（2）~（5）、（10）、（12）项
杂物电梯（含防爆电梯中的杂物电梯）	本条（2）~（5）、（7）、（10）、（11）项	本条（2）~（5）、（10）项

注：按照规定需要进行检定、校准的检测仪器，应当检定、校准合格。

（1）电梯振动和起制动加减速度测试仪器。

（2）绝缘电阻检测仪器、交直流电压检测仪器、交直流电流检测仪器。

（3）转速或者速度检测仪器、噪声检测仪器、照度测量仪器、温度及温升测量仪器、计时器具。

（4）物体质量（重量）称量器具。

（5）推力及拉力测量器具、紧固件扭矩测量器具。

（6）金属和橡胶硬度检测仪器、表面粗糙度检测器具。

（7）漆膜（涂层）厚度测量器具、金属厚度测量器具。

（8）钢丝绳探伤仪器。

（9）钢丝绳张力测试仪器。

（10）接地电阻测试仪器、激光测距仪。

（11）耐电压检测仪器。

（12）液压系统压力测量仪器。

2. 试验装置

电梯生产企业应当具有符合表7-3要求的试验装置。

表 7-3　试验装置

许可子项目	试验装置
曳引驱动乘客电梯（含消防员电梯）（A1）	（1）控制柜功能检测装置； （2）限速器动作速度测试装置； （3）门摆锤冲击试验装置； （4）制动器可靠性试验装置； （5）限速器静态提拉力测试装置； （6）门锁装置可靠性试验装置； （7）盐雾试验设备； （8）高低温试验设备； （9）紫外线老化试验设备
曳引驱动乘客电梯（含消防员电梯）（A2）	曳引驱动乘客电梯（含消防员电梯）（A1）要求的试验装置（1）～（4）项
曳引驱动乘客电梯（含消防员电梯）（B）	曳引驱动乘客电梯（含消防员电梯）（A1）要求的试验装置（1）～（4）项
曳引驱动载货电梯和强制驱动载货电梯（含防爆电梯中的载货电梯）	（1）控制柜功能检测装置； （2）限速器动作速度测试装置
自动扶梯与自动人行道	（1）自动扶梯与自动人行道控制柜功能检测装置； （2）梯级（踏板）滚轮可靠性试验装置； （3）制动器可靠性试验装置； （4）制动距离和制动减速度检测设备； （5）运行速度检测设备
液压驱动电梯	（1）控制柜功能检测装置； （2）液压泵站的电磁阀可靠性测试装置
杂物电梯（含防爆电梯中的杂物电梯）	控制柜功能检测装置

　　电梯职业技术工人在经过职业培训获得了一定理论知识之后，就应该积极投入到实践中去。可以先从简单维护保养做起，再进行安装、修理和调试。改造是再设计、再施工的过程，难度最大，因此需要等级较高的技术工人才能胜任。这里需要强调的是，一名职业技术工人如果想要更上一层楼，利用好手中的检测仪器和试验设备是关键，要学习懂得仪器设备的性能参数，熟练掌握操作技能，理解工作原理，才能提高技术水平。

培训项目 ④

施工类别分级

培训重点

了解电梯安装和改造的概念

了解电梯修理和维护保养的概念

为深入贯彻"放管服"改革要求,进一步规范电梯安装、改造、修理、维保等行为,降低企业施工过程的制度性交易成本,2019年国家市场监督管理总局对"电梯施工类别划分表"进行了调整。

一、安装

安装是指采用组装、固定、调试等一系列作业方法,将电梯部件组合为具有使用价值的电梯整机的活动;包括移装。

二、改造

改造是指改变电梯的额定(名义)速度、额定载重量、提升高度、轿厢自重(制造单位明确的预留装饰重量或累计增加/减少质量不超过额定载重量的5%除外)、防爆等级、驱动方式、悬挂方式、调速方式或控制方式;改变轿门的类型,增加或减少轿门;改变轿架受力结构,更换轿架或更换无轿架式轿厢。

只要是未列入上述范围内的即不属于改造。

三、修理

1. 重大修理

（1）加装或更换不同规格的驱动主机或其主要部件、控制柜或其控制主板或调速装置、限速器、安全钳、缓冲器、门锁装置、轿厢上行超速保护装置、轿厢意外移动保护装置、含有电子元件的安全电路、可编程电子安全相关系统、夹紧装置、棘爪装置、限速切断阀（或节流阀）、液压缸、梯级、踏板、扶手带、附加制动器。

（2）更换不同规格的悬挂及端接装置、高压软管、防爆电气部件。

（3）改变层门的类型，增加层门。

（4）加装自动救援操作（停电自动平层）装置、能量回馈节能装置等，改变电梯原控制线路的。

（5）采用在电梯轿厢操纵箱、层站召唤箱或其按钮的外围接线以外的方式加装电梯 IC 卡系统等身份认证方式。

2. 一般修理

（1）修理或更换同规格不同型号的门锁装置、控制柜的控制主板或调速装置。

（2）修理或更换同规格的驱动主机或其主要部件、限速器、安全钳、悬挂及端接装置、轿厢上行超速保护装置、轿厢意外移动保护装置、含有电子元件的安全电路、可编程电子安全相关系统、夹紧装置、限速切断阀（或节流阀）、液压缸、高压软管、防爆电气部件、附加制动器等。

（3）更换防爆电梯电缆引入口的密封圈。

（4）减少层门。

（5）仅通过在电梯轿厢操纵箱、层站召唤箱或其按钮的外围接线方式加装电梯 IC 卡系统等身份认证方式。

同规格是指工作原理相同，机械性能一致，结构、尺寸、安装位置均不变。更换同规格的零部件，其性质与安装相近，每个有资质的安装单位理应具备此类能力，故而将其定为一般修理项目，秉承企业可以做好的事情交给企业自己做，市场的功能由市场发挥的原则，尽量减少企业的制度性成本。

四、维护保养

维护保养是指为保证电梯符合相应安全技术规范以及标准的要求，对电梯进行的清洁、润滑、检查、调整以及更换易损件的活动；包括裁剪、调整悬挂钢丝绳，不包括上述安装、改造、修理规定的内容。

更换同规格、同型号的门锁装置、控制柜的控制主板或调速装置，修理或更换同规格的缓冲器、梯级、踏板、扶手带，修理或更换围裙板等实施的作业视为维护保养。

理论知识复习题

一、判断题（将判断结果填入括号中，正确的填"√"，错误的填"×"）

1.《电梯制造与安装安全规范》（GB 7588—2003）属于推荐性国家标准。

（　　）

2.《电梯监督检验和定期检验规则—曳引与强制驱动电梯》（TSG T7001—2009）属于特种设备安全技术规范。　　　　　　　　　　　　　　（　　）

3. 目前电梯的标准主要由国家标准（GB）、地方标准（DB）、行业标准（J）和企业标准（Q）组成。　　　　　　　　　　　　　　　　　　　（　　）

4.《电梯制造与安装安全规范》（GB 7588—2003）适用于电力驱动的曳引式或强制式乘客电梯、病床电梯及自动扶梯。　　　　　　　　　　　（　　）

5. 曳引驱动乘客电梯许可参数级别 A1 级要求为额定速度 >6.0 m/s。（　　）

二、单项选择题（选择一个正确的答案，将相应的字母填入题内的括号中）

1.（　　）是国家市场监督管理总局为加强特种设备管理而制定的一系列规范的统称，是规定特种设备的安全性能和节能要求以及相应的设计、制造、安装、修理、改造、使用管理和检验、检测方法等内容的国家强制要求。

A. 特种设备安全技术规范

B.《电梯制造与安装安全规范》

C.《中华人民共和国特种设备安全法》

D.《特种设备安全监察条例》

2. 下列选项中效力最低的是（　　）。

A. 安全技术规范　　　　　　　　B 行政法规

C. 地方性法规　　　　　　　　　D. 标准

3. 下列选项中不属于特种设备的类别是（　　）。

A. 电梯　　　　　B. 起重设备　　　　C. 锅炉　　　　　D. 客运车辆

4. 下列选项中不属于改造的是（　　）。

A. 改变电梯的额定（名义）速度

B. 改变轿门的类型

C. 改变控制方式

D. 改变层门的类型

5. 下列选项中不属于重大修理的是（　　　）。

A. 加装或更换不同规格的驱动主机或其主要部件

B. 减少轿门

C. 增加层门

D. 加装或更换不同规格的限速器

6. 采用在电梯轿厢操纵箱、层站召唤箱或其按钮的外围接线以外的方式加装电梯 IC 卡系统等身份认证方式，属于（　　　）。

A. 改造　　　　　B. 重大修理　　　　C. 一般修理　　　　D. 维护保养

7. 关于《自动扶梯和自动人行道的制造与安装安全规范》（GB 16899—2011），以下说法正确的是（　　　）。

A. 本标准仅适用于新制造的自动扶梯和胶带式自动人行道

B. 本标准自 2004 年 1 月 1 日起实施

C. 本标准的目的是给出自动扶梯和自动人行道的安全要求，以保护在安装、运行、维修和检查工作期间的人员和物体

D. 本标准为推荐性标准

8. 曳引驱动乘客电梯（含消防员电梯）许可参数级别 A2 级要求为（　　　）。

A. 3.0m/s＜ 额定速度 ＜6.0 m/s

B. 2.5 m/s＜ 额定速度 ＜6.0 m/s

C. 2.5m/s＜ 额定速度 ≤ 6.0 m/s

D. 3.0 m/s ≤额定速度 ＜6.0 m/s

9. 关于《杂物电梯制造与安装安全规范》（GB 25194—2010），以下说法不正确的是（　　　）。

A. 本标准规定了永久安装的新电力驱动的曳引式或强制式杂物电梯和液压杂物电梯的制造与安装应遵守的安全准则。

B. 本标准适用于额定载重量不大于 400 kg 的杂物电梯。

C. 本标准适用于不允许运送人员的杂物电梯。

D. 本标准于 2010 年 9 月 26 日发布，自 2011 年 6 月 1 日起实施。

10. 下列选项中不属于维护保养的是（　　　）。

A. 清洁　　　　　B. 调整　　　　　C. 调试　　　　　D. 更换易损件

理论知识复习题参考答案

一、判断题

1. × 2. √ 3. √ 4. × 5. √

二、单项选择题

1. A 2. D 3. D 4. D 5. B 6. B 7. C 8. C 9. B 10. C